辽宁省自然科学基金项目(2019-MS-265)资助

沈阳市科技创新专项资金项目(19-109-4-12)资助

正交异性钢箱梁剪力滞后效应研究

李艳凤　张　皓　侯世伟　著

U0324083

中国矿业大学出版社

·徐州·

内 容 提 要

箱梁结构中剪力滞后效应问题不可忽略。目前关于混凝土箱梁结构的剪力滞后效应的研究已较成熟,而关于钢结构桥梁的剪力滞后效应的研究依然滞后。在现有公路桥涵设计规范中剪力滞后效应概念仅规定了混凝土箱梁的有效宽度,不涉及钢结构桥梁,因此对钢结构桥梁的剪力滞后效应进行研究具有重要意义。

本书以钢梁桥和自锚式悬索桥钢箱梁为研究对象,系统分析了钢箱梁剪力滞后效应,可为此类桥梁的设计提供依据和参考。

图书在版编目(CIP)数据

正交异性钢箱梁剪力滞后效应研究 / 李艳凤,张皓,

侯世伟著.—徐州：中国矿业大学出版社,2020.12

ISBN 978-7-5646-4863-3

Ⅰ.①正… Ⅱ.①李… ②张… ③侯… Ⅲ.①钢箱梁

—剪力—滞后效应—研究 Ⅳ.①TU323.3

中国版本图书馆 CIP 数据核字(2020)第 241532 号

书　　名	正交异性钢箱梁剪力滞后效应研究
著　　者	李艳凤　张　皓　侯世伟
责任编辑	杨　洋
出版发行	中国矿业大学出版社有限责任公司
	(江苏省徐州市解放南路　邮编 221008)
营销热线	(0516)83884103　83885105
出版服务	(0516)83995789　83884920
网　　址	http://www.cumtp.com　E-mail:cumtpvip@cumtp.com
印　　刷	江苏凤凰数码印务有限公司
开　　本	787 mm×960 mm　1/16　印张 6.25　字数 110 千字
版次印次	2020 年 12 月第 1 版　2020 年 12 月第 1 次印刷
定　　价	36.00 元

(图书出现印装质量问题,本社负责调换)

前　　言

近年来我国钢产量不断增加,钢箱梁在国内钢桥中得到逐步推广应用。钢箱梁采用钢材代替混凝土,由于钢材自重小,故桥梁上部结构自重大大减小,特别是大跨度桥梁,随着跨度增大,可以使恒荷载大幅度降低。

在箱梁结构中,剪力滞后效应问题不可忽略。目前关于混凝土箱梁结构剪力滞后效应的研究已较成熟,而关于钢结构桥梁的剪力滞后效应研究依然滞后,现有的公路桥涵设计规范中剪力滞后效应概念仅规定了混凝土箱梁的有效宽度,不涉及钢结构桥梁,因此对钢结构桥梁的剪力滞后效应进行研究具有重要意义。

本书以钢梁桥和自锚式悬索桥钢箱梁为研究对象,系统分析了钢箱梁剪力滞后效应。针对钢梁桥,首先以简支梁为研究对象,利用有限元软件建立板单元模型研究其剪力滞后效应,并与能量变分法的计算结果进行对比,证明选择板单元建立模型来分析钢箱梁剪力滞后效应是可行的。然后利用有限元软件分析其在均布荷载、集中荷载、偏心荷载作用下的剪力滞后效应及其影响因素。最后分析连续钢箱梁施工阶段和成桥阶段沿箱梁纵向的剪力滞后效应分布情况。

针对自锚式悬索桥钢箱梁,利用有限元软件建立自锚式悬索桥钢箱梁板单元模型,分析其在不同荷载作用下的剪力滞后效应;对空间板单元截面顶板上的最大应力值与对应平面梁单元应力值进行比较,发现空间板单元截面顶板的最大应力值大于对应平面梁单元的应力值;对自锚式悬索桥钢箱梁成桥阶段的纵向剪力滞后效应进行分析;在自锚式悬索桥施工阶段中选取"体系转换"前、后不同施工阶段的钢箱梁截面进行剪力滞后效应系数分析,为此类桥梁设计提供依据和参考。

在撰写本书过程中得到了沈阳市市政工程设计研究院院长王福春和东北大学梁力教授的指导和帮助,两位老师坚实的理论基础和丰富的工程经验令本人十分敬佩,在此向两位老师表示衷心的感谢。

本书共 6 章内容,第 1、2、3、4 章由李艳凤撰写,第 5、6 章由张皓和侯世伟撰写。全书概念清晰、语言流畅、图文并茂,便于读者对专业知识的掌握和理解。

由于水平有限,书中难免存在疏漏和不足之处,希望广大读者不吝指正。

作者

2020 年 9 月

目　　录

1 绪 论

1.1 概述

1.1.1 钢箱梁的发展

随着钢结构的发展和普及,钢箱梁广泛应用于我国桥梁工程领域,尤其是大跨度桥梁[1-4]。在现代桥梁工程中,越来越多的正交异性的钢桥面板被采用,进而达到减小钢箱梁的自重和提高整体稳定性的目的[5]。

世界上最先进的箱梁桥建造技术最初由英国人掌握,不列塔尼亚铁路桥就是英国人建成的,这座桥是世界箱形梁桥的先例。但是由于当时该桥型的施工技术水平不高,箱梁桥在随后很长一段时间内没有得到广泛应用。直到1950年,箱梁桥的优势才逐渐被人们认知,100多座箱梁桥在接下来一段时间内被建造完成,箱梁桥从此飞速发展[6]。

钢箱梁结构相比其他结构有很多优点,但是我国对钢箱梁结构的研究相对较晚(1980年左右才逐渐推广使用)。1982年年底,当时世界上最大跨度的铁路桥——汉江大桥竣工,该桥主梁跨度为176 m。进入21世纪以后,我国钢结构桥梁更是飞速发展,大批此类桥梁建造完成[7]。

1.1.2 钢箱梁的力学特性

在城市化进程推进过程中,钢箱梁因具有自重小、拼接方便、施工简单、整体受力性能好、外形流畅等优点,被大量应用到桥梁工程领域。通常钢箱梁由具有一定强度的钢材构成,结构仍然具有薄壁杆件的受力和变形特性[8]。钢箱梁的四种基本变形为纵向弯曲、侧向弯曲、变形和扭转[9]。一般而言,钢箱梁的横向宽度受偏心荷载效应影响。对于大跨度钢桥而言,由于桥梁本身的恒荷载比例较大,因此一般情况下纵向弯曲应力是钢箱梁内的主要应力,其次为扭转应力和扭曲应力[10]。

1.2 剪力滞后效应的研究现状

1.2.1 剪力滞后效应的提出

由于忽略结构剪切变形的影响,故平截面假定不适用于较宽的结构。理论状态下箱梁的翼缘板在对称弯曲荷载的作用下产生的纵向正应力沿桥宽方向的分布是均匀的。但是在应力传递过程中顶板和底板会发生剪切变形,由此导致应力横向分布不均匀,距腹板的距离与其应力成反比,导致截面正应力在沿梁横向传递过程中出现了滞后,这种现象被称为剪力滞后效应[11]。这种现象使得最大值往往出现在翼缘与腹板的交界处,如果在设计中没有充分考虑由此造成的应力集中,则会很容易造成主梁出现横向裂缝,严重时会影响桥梁的安全性与使用性。

在桥梁设计规范中通常用箱梁有效宽度来表示剪力滞后效应系数[12]。但是国内外的相应规范中对自锚式悬索桥钢箱梁截面的相关规定尚不明确。近年来随着自锚式悬索桥的普及,对其剪力滞后效应的研究尤为迫切。

1.2.2 剪力滞后效应的国外研究现状

剪力滞后效应在力学研究中很常见。根据现有文献,对剪力滞后效应的研究最早可以追溯到 20 世纪 20 年代,学者卡曼假设翼缘板宽度无限大且力的作用形式为余弦函数,其基于最小势能理论推导出了连续梁的有效分布宽度[13]。1946 年,学者 E. Reissner 在对箱梁进行大量研究时提出了箱梁的剪力滞后效应分析理论[14],其基于当时已经相对成熟的最小势能原理,推导出单箱单室简支梁、悬臂梁在均布荷载作用下的控制微分方程和边界条件公式,得到了剪力滞后效应系数的解析解,为桥梁的发展奠定了理论基础[15]。

20 世纪 60 年代,箱形截面通常作为不同体系桥梁的主梁截面形式,而为了满足桥梁的功能性,主梁截面很宽,进而使其腹板之间的距离被设计得很大,其上、下翼缘板的剪力滞后效应越来越明显,因此,研究者通常用不同的方法来研究箱形梁的剪力滞后效应[16]。通常而言,对剪力滞后效应的研究大多数以较宽的混凝土箱梁为研究对象,采用折板理论进行研究[17]。1976 年,D. K. Van 等分析了在均布荷载作用下纵向分布箱形梁的情况[18]。1977 年,A. Taherian 等将薄壁箱形梁简化成杆系和薄板的组合结构体系,使剪力滞后效应的计算更加简便,这就是比拟杆法研究剪力滞后效应的原理[19]。2005 年,H. A. Salim 采用协调变形的方法对开、闭口的截面梁进行研究,进而分析组合截面梁的剪力滞后效应[20]。

由于能量变分法适用范围广,能够较为准确地得到其解析解,所以研究者大多数采用赖斯纳理论的能量变分法对箱形截面梁的剪力滞后效应进行研究[21],能量变分法也得到了完善与发展,使其研究范围不断扩大。1962 年,小松基于赖斯纳理论,对 I 形、T 形等截面的正、负剪力滞后效应进行了研究,绘制了钢箱梁有效分布宽度的实用图表[22]。1981 年,B. O. Kuzmanovic 对悬臂结构的混凝土箱梁的剪力滞后效应进行研究[23]。

随着计算机技术的迅速发展,剪力滞后效应的分析方法也逐渐多元化,并且更加精确,比如数值分析法。数值分析法具有方便、准确的特点,因此是研究剪力滞后效应的主要方法。20 世纪 90 年代,一种新的依靠计算机的研究方法——有限梁单元法被提出来,这种方法可以解决畸变、截面扭转翘曲以及剪力滞后效应问题,并且采用该方法计算的结果与实际情况一致[24-26]。2001 年,L. Dezi 等研究了混凝土材料徐变效应与剪力滞后效应之间的关系并得出了相关结论[27]。在 2004—2006 年期间,C. Lertsima 等将有限元分析与模型试验结合起来对剪力滞后效应进行分析,并根据试验数据给出了相应的计算公式,但是其计算结果并不理想[28-30]。之后学者们继续对剪力滞后效应进行研究[31-34]。A. Tesar 于 1996 年对钢混结构截面梁进行了剪力滞后效应研究,主要研究内容为剪力滞后效应对钢混结构截面梁弯曲和扭转产生的影响[35]。M. Chiewanichakorn 等于 2004 年将数值分析结果与模型试验的结果进行比较,并给出了有效分布宽度的新的定义方式和计算公式[36]。在随后的一年内他们采用数值分析方法对剪力滞后效应进行分析,并且将其结果与模型试验得到的结果进行对比,给出了有效分布宽度的经验公式[37]。

起初研究者对剪力滞后效应的研究仅限于正剪力滞后效应,20 世纪 80 年代之后研究者才开始对负剪力滞后效应进行研究。1982 年,D. A. Foutch 和 S. T. Chang 等首先对负剪力滞后效应进行研究,他们采用有限元法对不同剪力作用下的矩形箱梁进行了分析,研究发现,荷载作用形式和边界条件都会对应力分布有一定的影响。当荷载作用下主梁的纵向剪力分布不均匀时就会造成与正剪力滞后效应相反的负剪力滞后效应[38-39]。2002 年,S. C. Lee 等采用数值分析方法对悬臂梁负剪力滞后效应的成因进行了研究[40]。

1.2.3　剪力滞后效应的国内研究现状

我国对剪力滞后效应的研究开始得比较晚。20 世纪 80 年代,国内的高校和科研机构分别从能量变分法和数值分析方法入手研究剪力滞后效应[41]。1983 年,郭金琼等基于能量变分法对剪力滞后效应进行分析,发现其顶板位移曲线是三次抛物线[42]。2004 年,张士铎等同样基于能量变分法以简支箱梁为研究对象,分析了不同荷载对简支箱梁剪力滞后效应的影响[43]。1991 年,程翔云等深入研究了斜拉桥主梁的剪力滞后效应,通过大量试验与计算,总结得出压弯荷载作用下的剪力滞后效应系数计算公式[44]。此后,Q. Z. Luo 等对简支梁的剪力滞后效应进行分析,研究发现负剪力滞后效应出现在简支梁中[45]。韦成龙等于 2000 年对曲线箱形梁的剪力滞后效应进行了研究,以薄壁曲线梁桥为研究对象,同时考虑轴力作用,上、下缘以及最外侧翼缘采用了不同的位移函数,最终建立了关于曲线梁桥的有限元计算公式[46]。吴亚平等致力于单箱多室箱梁的研究,给出了多室薄壁箱梁有限宽度的计算公式,并且通过实际工程对有效宽度公式进行了验证[47]。

总的来看,能量变分法研究剪力滞后效应是当时国内主要的研究方法。随着对剪力滞后效应的认识和研究不断深入,比拟杆法和数值分析法也同样得到更多的应用和完善。程翔云首先于 1987 年对比拟杆法的可行性进行了试验验证,采用有机玻璃材料模拟箱梁截面,最终结果表明这种理论方法在某些方面对于研究剪力滞后效应更有优势[48]。此后,唐怀平等采用比拟杆法对大跨度连续梁桥的剪力滞后效应进行了研究,他们选择竖直力,并结合荷载等效分解法等理论,进一步探究箱梁的剪力滞后效应机理[49]。进入 21 世纪,数值分析法应用越来越广,尤其是有限元法。曹国辉等在 2003 年采用数值分析法对剪力滞后效应进行了比较系统的分析,详尽分析与验证几何参数对剪力滞后效应的影响[50]。刘永健等结合长沙市洪山庙大桥对材料的徐变效应与剪力滞后效应之间的关系进行了研究,所采用的方法同样是基于有限元的数值分析法,总结得出徐变对剪力滞后效应的影响方式[51]。汪劲丰等采用数值分析法对斜拉桥进行了研究,研究结果表明,独塔单索面斜拉桥的主梁应力分布复杂,纵向应力分布也不同,进一步说明斜拉桥主梁的剪力滞后效应受纵向位置和力的加载形式影响[52]。

有限元法是数值分析法中非常重要的一种方法。为了对剪力滞后效应进行更深入的研究,除了理论分析之外还需要进行相应的模型试验。模型试验可以验证理论分析和理论结果的可靠性,同时对不同结构的应力分析也起到至关重要的作用[53]。1990 年前后,研究者就着手简单箱梁模型试验研究。此后,随着模型试验方法逐渐成熟,大跨径桥梁也逐渐使用这种方法开展研究。人们通过试验可以直观了解不同结构的受力和性能,通过与模型试验的对比,可以对理论分析结果进行验证。因此模型试验对于科学研究与实际工程的发展都至关重要。

1.2.4　剪力滞后效应的研究方法

剪力滞后效应的研究方法有很多,主要包括以下几种[54-57]:

(1)卡曼理论

1924 年,卡曼提出有效分布宽度这一概念。卡曼基于最小势能原理对连续梁桥进行研究,在不计翼缘板翘曲刚度的情况下,通过对应力函数的求解,得到翼缘板的应力,进而推导出有限宽度的计算公式。对翼缘较宽的 T 形梁来说,卡曼提出的理论具有较强的适用性,但是其分析过程较为复杂,故在实际工程中很少被采用。

(2)弹性理论解法

通常采用弹性理论对简单模型进行求解。弹性理论解法主要有两种方法——折板理论法和正交各向异性板法。

① 折板理论法主要基于两种理论——弯曲理论和弹性平面理论。该方法用箱梁各个位置的矩形板代替箱梁本身进行分析,根据变形和静力平衡条件建立微分方程进行求解。

② 正交各向异性板法用正交异性板代替肋板,基于弹性薄板理论,并且假设肋板面积由整板均摊,推导出肋板结构的挠度公式和应力公式。该方法可以精准分析剪力滞后效应。

(3)比拟杆法

比拟杆法又称为加劲薄板理论,该理论首先被应用于飞机的构造设计。这种方法是以加劲薄板等理论为基础逐步发展而来并被不断改进。在比拟杆法中,箱梁由承担轴向力的杆和承担剪力的薄板组成,基于变形协调等条件建立微分方程,求得相应问题的解。

（4）能量变分法

能量变分法也是研究剪力滞后效应的常用的方法。这种方法在赖斯纳理论基础上,将翼缘板纵向位移假设为二次抛物线,基于最小势能原理,结合微分方程,得到相应问题的解。这种方法不仅可以通过边界条件分析求得解析解,还能对影响剪力滞后效应的相关参数进行定性分析,在实际工程中得到了广泛应用。

（5）数值分析法

数值分析法主要有四种——有限单元法、有限差分法、有限条法、有限段法。前三个方法引用了能量变分法的基本原理,因此在使用这些方法时受到一定的限制,有一定的适用范围。但是有限单元法具有强大的适用性,可以用以解决工程结构中的任何复杂截面形式问题以及实际工程中较难的力学问题。如今国内的计算机技术飞速发展,数值分析法的应用也越来越广泛,其地位越来越重要。

1.3　箱梁的剪力滞后效应

箱梁的优点有很多,然而纵向弯曲时腹板会发生剪切变形,这种剪切变形使得箱梁弯曲法向正应力在上、下翼缘间传递,剪力流在向翼缘传递过程中不均匀,使得应力在传递至腹板与翼缘交界处达到最大。由于剪力流沿着翼缘板进行传递时在翼缘板压弯作用下发生剪切变形,因而剪力流在传递过程中逐渐减小,弯曲应力在板内的轨迹为曲线。这种现象的原因是腹板中的剪力流向翼缘板两侧横向传递时产生了滞后现象,导致截面正应力沿梁横向分布呈现不均匀状态,这种现象被称为剪力滞后效应。如果腹板与上、下翼缘板交界处的纵向正应力大于按照初等梁理论计算的正应力时,为正剪力滞后效应,如图 1-1(a) 所示,反之为负剪力滞后效应,如图 1-1(b) 所示[58-61]。图中虚线部分为初等梁理论时的应力状态,实线部分为实际应力状态。

为了更清晰、直观地表现剪力滞后效应系数,引入了下面的公式：

$$\lambda = \frac{考虑剪切变形求得的法向应力}{按初等梁理论求得的法向应力} \qquad (1-1)$$

λ 为衡量剪力滞后效应大小的一个指标,用 λ_o 表示腹板与顶板、底板交界处

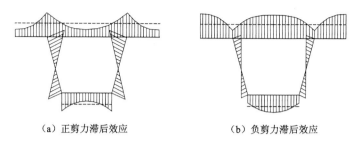

（a）正剪力滞后效应　　　　　　　　（b）负剪力滞后效应

图 1-1　正剪力滞后效应和负剪力滞后效应

的剪力滞后效应系数，用 λ_c 表示顶板、底板中点处的剪力滞后效应系数。当 $\lambda_c>1$ 或者 $\lambda_c<1$ 时，称为正剪力滞后效应，反之称为负剪力滞后效应[62]。

　　在实际工程中，桥梁结构的截面往往是复杂的，此时可以分别将上、下翼缘板的实际应力值除以其所对应的宽度来计算剪力滞后效应系数，采用这种方法计算所得结果可以大致看成初等梁理论所得结果[63]，各点的剪力滞后效应系数可由实际应力值除以上述结果求得。剪力滞后效应系数可以直接反映箱梁各位置处剪力滞后效应的强弱，也可以从侧面反映工程中某处的应力分布情况。

1.4　研究背景及意义

　　随着我国城市化进程的推进，城市道路越来越拥堵，因此各地政府建立越来越多的高架桥来缓解该问题[64]。在国内桥梁工程领域中，箱形梁占据着不可或缺的位置。箱形梁具有外形美观、受力性能良好等特点，因此应用广泛[65]。近些年来，由于钢材产量增加和城市化进程推进的需要，钢结构桥梁数量逐步增加，因而钢箱梁的数量也随之增加[66]。

　　钢箱梁采用钢材代替混凝土，因为钢材自重较低，所以桥梁上部结构的自重大幅度降低，特别是大跨度桥梁，而且随着跨度增大，降低更明显，从而可以使桥梁结构的恒荷载大幅度降低[67]。此外，用钢腹板代替传统混凝土腹板，可避免其在传递剪力过程中出现开裂[68-69]。

　　纵向弯曲时，箱形梁弯曲法向正应力在上、下缘间的传递是通过腹板的剪切变形来实现的。剪力流在腹板与上、下缘的交界处达到最大，在向翼缘板传递的过程中，由于上、下缘剪切变形，所以向板内传递的剪力流逐渐减小。因此剪切变形在上、下缘的分布是不均匀的，从而使弯曲的法向正应力横向分布呈曲线,这种由于腹板的剪力流向翼缘板传递滞后引起的翼缘板的法向正应力不均匀分布的现象被称为剪力滞后效应。如果忽略这一问题,有可能直接引起事故[70]。对于跨宽比较小的桥梁来说,当板的惯性矩较大时,箱梁在各个支点处会出现严重的剪力滞后效应。广东省有一座桥梁由于在设计时没考虑剪力滞后效应而导致桥梁顶板出现裂缝。有学者认为,在桥梁的设计和施工中需要重视剪力滞后效应,对不适合平截面假定的扁平箱梁更要注意。

就目前而言,我国学者对混凝土结构箱梁的剪力滞后效应的研究已经较为全面,而对于钢结构箱梁的剪力滞后效应的研究不够深入,尤其是自锚式悬索桥。因此,对自锚式悬索桥钢箱梁剪力滞后效应的研究具有重要意义。

1.5 工程背景

(1) 本书的工程背景之一——沈阳市迎宾路高架桥,其钢箱梁情况如下:鱼腹式连续钢箱梁横向宽度为 23.5 m,两跨钢箱梁总长度为 90 m(图 1-2),跨径为 45 m+45 m。钢箱梁的外观设计成曲线,采用单箱五室截面形式。钢箱梁高为 2.295 m,横向坡度设置为双向 1.5%,具体可调整腹板的高度形成横坡(图 1-3)。

在该工程中,顶板和底板的厚度相同,为 16~36 mm;设计时腹板厚度统一为 16 mm。为了提高梁的稳定性,在顶板、底板和腹板均焊接了纵向加劲肋。横隔板的间距为 6 m,在横隔板与腹板交界处均设置竖向加劲肋。钢箱梁底板在支座处焊接支座调平钢板,在横桥向支座内侧设置钢箱限位挡块。桥面顶板纵向加劲肋主要采用刚度较大的 U 形肋,局部位置根据构造要求采用扁钢加劲肋。顶板 U 形肋厚度为 8 mm,高度为 280 mm,上、下口的宽度分别为 300 mm、170 mm。顶板上设置了扁平加劲肋,高度为 150 mm,厚度为 12 mm,横向间隔距离为 230 mm。为保证顶板上的路面厚度满足设计要求并保持水平,可使上缘(外缘)对齐。底板分为两种——水平底板和曲线底板。为提高底板的抗扭性能,底板纵向上均设置加劲肋。为了使箱梁外形流畅,不同厚度底板对接时底板下边缘应保持对齐。钢箱梁在横向布置 4 道腹板,横向间距为 4 m。腹板上的纵向加劲肋采用扁钢加劲肋,各个加劲肋垂直间距为 440 mm,纵向加劲肋沿箱梁纵向连续。在支座附近的横隔板厚度为 16~30 mm,横隔板上的加劲肋为厚扁钢加劲肋,厚度为 16~20 mm。全钢箱梁的钢材采用 Q345,桥面铺装层厚度为 7.5 cm。中间支座横截面示意图如图 1-4 所示。

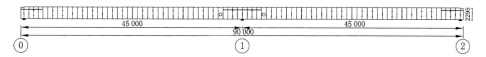

图 1-2　钢箱梁立面示意图(单位:mm)

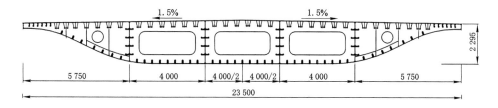

图 1-3　钢箱梁横截面示意图(单位:mm)

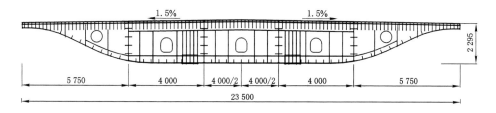

图 1-4　中间支座横截面示意图(单位:mm)

(2)本书的工程背景之二——沈阳市东塔自锚式悬索桥,其钢箱梁的情况如下:主桥跨径为 40 m＋90 m＋220 m＋90 m＋40 m＝480 m。桥梁中跨跨度为 220 m。主梁采用整幅钢箱梁,有索区钢箱梁截面宽度为 43.3 m,配重跨无索区钢箱梁截面宽度为 40 m。钢箱梁顶板采用正交异性板。自锚式悬索桥主桥立面图如图 1-5 所示。

钢箱梁采用整体式带挑臂扁平箱形断面。主桥有索区钢箱梁截面宽度为 43.3 m,桥塔位置局部加宽到 48 m,梁高均为 3 m,主桥锚固段梁宽度为 43.3 m,锚固处梁高局部加厚为 4.8 m。配重跨无索区钢箱梁截面宽度为 40 m,梁高为 2.3 m。箱梁横向车行道范围内采用封闭箱结构,在人行道和索区范围内采用底面敞开的挑臂结构。本桥主桥部分钢箱梁横截面示意图如图 1-6 所示。

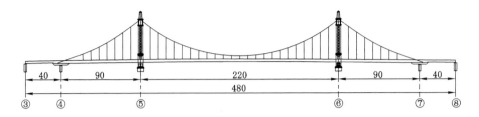

图 1-5 自锚式悬索桥主桥立面图(单位:m)

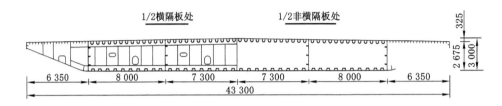

图 1-6 主桥部分钢箱梁横截面示意图(单位:mm)

1.6 主要研究内容

本书以连续钢箱梁和自锚式悬索桥为工程背景,对其钢箱梁截面的剪力滞后效应进行研究,主要研究内容包括:

(1)详细阐述了钢箱梁的剪力滞后效应,并且对剪力滞后效应成因进行描述,介绍了学者对剪力滞后效应问题的研究,探讨了其研究意义。

(2)基于能量变分法得到单箱五室钢箱梁的各翼缘板弯曲应力的计算公式,应用有限元软件 Midas/civil,以简支梁为研究对象,建立简支梁的空间板单元模型,并计算其应力值,与能量变分法求得的结果进行对比。

(3)基于比拟杆法对单箱四室钢箱梁截面进行剪力滞后效应分析,阐述比拟杆法的基本思路,推导得出不同类型荷载作用于简支梁和悬臂梁上时的微分方程,最后结合实例进行对比分析。

(4)利用有限元软件 Midas/civil 将工程实例中的鱼腹式连续钢箱梁离散成空间板单元模型,分析其在 3 种荷载作用下的剪力滞后效应。分析该钢箱梁在单体吊装施工、钢箱梁拼接和二期铺装三个阶段时的纵向剪力滞后效应。并分析了成桥阶段时在不同类型荷载作用下的纵向剪力滞后效应。

(5)利用有限元软件 Midas/civil 将工程中的自锚式悬索桥钢箱梁离散为

空间板单元,建立其板单元模型,分析其在 3 种不同荷载作用下的横桥向剪力滞后效应,研究了在控制截面最不利荷载位置处添加 2 种荷载后该截面的剪力滞后效应,并将空间板单元截面顶板上的最大应力提取出来与平面梁单元模型中该截面位置处应力进行比较。基于有限元软件 Midas/civil 对自锚式悬索桥钢箱梁成桥阶段和施工阶段桥纵向的剪力滞后效应进行分析。

2 能量变分法分析钢箱梁截面剪力滞后效应

矩形箱梁利用数值分析法计算得到的剪力滞后效应系数与传统的计算方法(如能量变分法)计算得到的结果相近,但是鱼腹式箱梁因为每个腹板内力分布不均匀,而且中性轴位置变化差异大,荷载作用下存在较大横向弯曲,导致其剪力滞后效应系数分布与直腹式存在差异[71-74],说明采用能量变分法计算鱼腹式箱梁的剪力滞后效应系数并不可取。因此,本章以单箱五室矩形钢箱梁为例,采用传统理论能量变分法研究钢箱梁截面的剪力滞后效应,得出了集中荷载和均布荷载作用下的弯曲正应力计算公式,并与有限元计算结果进行对比。

钢箱梁的截面示意图如图 2-1(a)所示,坐标系如图 2-1(b)所示。

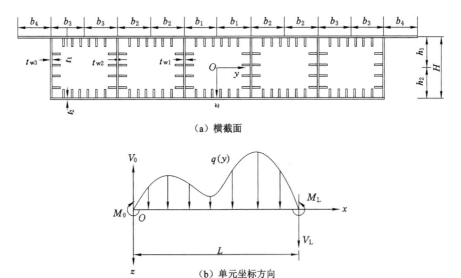

（a）横截面

（b）单元坐标方向

图 2-1 单箱五室矩形钢箱梁截面

2.1 基本假定

单箱五室截面是一种典型的箱形截面,其特点是横向较宽,各构件之间的间距较大。对于这种横向宽度较大的箱梁,在纯弯曲荷载作用下,箱形主梁宽而薄的翼缘在荷载作用下的正应力分布复杂,剪力滞后效应严重,仅用一个广义位移来描述箱梁的弯曲是远远不够的,因此在采用最小势能原理研究箱形梁的弯曲时引入了两个广义位移概念——梁的竖向挠度 $w(x)$ 与翼缘板纵向位移 $u(x,y)$。为了便于计算和分析,在保证计算结果准确性的前提下,忽略次要因素的影响,做出以下假设:

(1) 按照初等梁理论来确定考虑剪力滞后效应的截面中性轴位置。

(2) 腹板不考虑剪力滞后效应,其变形仍然符合初等梁理论,各腹板之间的竖向挠度相同。

(3) 翼缘板中因为剪力流在传递的过程中出现了滞后现象,所以翼缘板的纵向位移 $u(x,y)$ 在沿截面宽度方向上的分布形状为曲线。

(4) 忽略板平面外的剪切变形和横向变形。结构中各种加劲肋对结构总势能的影响均忽略不计。

(5) 对于超静定箱梁结构,在计算外力引起的弯矩 $M(x)$ 时可以忽略翼缘板有效宽度的影响,因此沿箱梁纵向的弯矩函数是一个已知的函数。

(6) 结构变形只适合弹性范围,不在弹性范围时不再适合。

基于上面的这些假设可以得出梁的竖向挠度 $w = w(x)$,未考虑腹板的剪切变形。假设本章各箱室的翼缘板具有不同的纵向位移差函数,则各箱室翼缘板的纵向位移可假设为三次抛物线形式。

(1) Ⅲ室上翼缘板:

$$u_1(x,y) = h_1\left[w' + \left(1 - \frac{y^3}{b_1^3}\right)u_1(x)\right] \quad (0 \leqslant y \leqslant b_1) \qquad (2\text{-}1)$$

(2) Ⅱ室上翼缘板:

$$u_2(x,y) = h_1\left[w' + \left(1 - \frac{y^3}{b_2^3}\right)u_2(x)\right] \quad (0 \leqslant y \leqslant b_2) \qquad (2\text{-}2)$$

(3) Ⅰ室上翼缘板:

$$u_3(x,y) = h_1\left[w' + \left(1 - \frac{y^3}{b_3^3}\right)u_3(x)\right] \quad (0 \leqslant y \leqslant b_3) \qquad (2\text{-}3)$$

（4）外侧上翼缘板：

$$u_4(x,y) = h_1\left[w' + \left(1 - \frac{\bar{y}^3}{b_4^3}\right)u_4(x)\right] \quad (0 \leqslant y \leqslant b_4) \qquad (2\text{-}4)$$

（5）Ⅲ室下翼缘板：

$$u_5(x,y) = h_2\left[w' + \left(1 - \frac{y^3}{b_1^3}\right)u_5(x)\right] \quad (0 \leqslant y \leqslant b_1) \qquad (2\text{-}5)$$

（6）Ⅱ室下翼缘板：

$$u_6(x,y) = h_2\left[w' + \left(1 - \frac{y^3}{b_2^3}\right)u_6(x)\right] \quad (0 \leqslant y \leqslant b_2) \qquad (2\text{-}6)$$

（7）Ⅰ室下翼缘板：

$$u_7(x,y) = h_2\left[w' + \left(1 - \frac{y^3}{b_3^3}\right)u_7(x)\right] \quad (0 \leqslant y \leqslant b_3) \qquad (2\text{-}7)$$

式中，$\bar{y} = (b_1 + b_2 + b_3 + b_4) - y$；$w$ 为梁的竖向挠度函数；$u_i(x)(i=1,2,3,\cdots,7)$ 为各箱室翼缘板的纵向位移差函数；b_i 为各翼缘板宽度的一半；h_1,h_2 为箱形梁形心到上翼缘板和下翼缘板中点的距离。

在横向荷载作用下，各腹板的变形仍采用平截面假定，因此腹板的纵向位移为：

$$u_{腹}(x,y) = -zw' \quad (-h_1 \leqslant z \leqslant h_2) \qquad (2\text{-}8)$$

对于薄板来说，由于各板的变形和弯曲都比较小，可以不考虑，即

$$\varepsilon_z = \varepsilon_x = \gamma_{xy} = \gamma_{yz} = 0$$

2.2 梁的总势能表达式

由弹性力学几何方程 $\varepsilon_i = \dfrac{\partial u_i(x,y)}{\partial x}$，$\gamma_i = \dfrac{\partial u_i(x,y)}{\partial y}$ 可得到各板单元的正应变和剪应变为：

（1）Ⅲ室上翼缘板：

$$\begin{cases} \varepsilon_1 = h_1\left[w'' + \left(1 - \frac{y^3}{b_1^3}\right)u'_1(x)\right] \\ \gamma_1 = -\frac{3y^2}{b_1^3}h_1 u_1(x) \end{cases} \qquad (2\text{-}9)$$

（2）Ⅱ室上翼缘板：

$$\begin{cases} \varepsilon_2 = h_1 \left[w'' + \left(1 - \dfrac{y^3}{b_2^3} \right) u'_2(x) \right] \\ \gamma_2 = -\dfrac{3y^2}{b_2^3} h_1 u_2(x) \end{cases} \tag{2-10}$$

（3）I室上翼缘板：

$$\begin{cases} \varepsilon_3 = h_1 \left[w'' + \left(1 - \dfrac{y^3}{b_3^3} \right) u'_3(x) \right] \\ \gamma_3 = -\dfrac{3y^2}{b_3^3} h_1 u_3(x) \end{cases} \tag{2-11}$$

（4）外侧上翼缘板：

$$\begin{cases} \varepsilon_4 = h_1 \left[w'' + \left(1 - \dfrac{\bar{y}^3}{b_4^3} \right) u'_4(x) \right] \\ \gamma_4 = -\dfrac{3\bar{y}^2}{b_4^3} h_1 u_4(x) \end{cases} \tag{2-12}$$

（5）III室下翼缘板：

$$\begin{cases} \varepsilon_5 = h_2 \left[w'' + \left(1 - \dfrac{y^3}{b_1^3} \right) u'_5(x) \right] \\ \gamma_5 = -\dfrac{3y^2}{b_1^3} h_2 u_5(x) \end{cases} \tag{2-13}$$

（6）II室下翼缘板：

$$\begin{cases} \varepsilon_6 = h_2 \left[w'' + \left(1 - \dfrac{y^3}{b_2^3} \right) u'_6(x) \right] \\ \gamma_6 = -\dfrac{3y^2}{b_2^3} h_2 u_6(x) \end{cases} \tag{2-14}$$

（7）I室下翼缘板：

$$\begin{cases} \varepsilon_7 = h_2 \left[w'' + \left(1 - \dfrac{y^3}{b_3^3} \right) u'_7(x) \right] \\ \gamma_7 = -\dfrac{3y^2}{b_3^3} h_2 u_7(x) \end{cases} \tag{2-15}$$

各腹板纵向应变为：

$$\begin{cases} \varepsilon_{w_i} = \pm zw'' \\ \gamma_{w_i} = 0 \end{cases} \tag{2-16}$$

由梁单元应变能公式：

$$U_i = \int_0^l \int_0^{b_i} t_i (E\varepsilon_i + G\gamma_i) \mathrm{d}x \mathrm{d}y \tag{2-17}$$

可求得各板的应变能分别为：

（1）Ⅲ室上翼缘板应变能：

$$U_1 = \frac{E}{2}I_{s1}\int_0^l\left[(w'')^2 + \frac{3}{2}w''u'_1 + \frac{9}{14}(u'_1)^2 + \frac{9G}{5Eb_1^2}u_1^2\right]dx \quad (2\text{-}18)$$

（2）Ⅱ室上翼缘板应变能：

$$U_2 = \frac{E}{2}I_{s2}\int_0^l\left[(w'')^2 + \frac{3}{2}w''u'_2 + \frac{9}{14}(u'_2)^2 + \frac{9G}{5Eb_2^2}u_2^2\right]dx \quad (2\text{-}19)$$

（3）Ⅰ室上翼缘板应变能：

$$U_3 = \frac{E}{2}I_{s3}\int_0^l\left[(w'')^2 + \frac{3}{2}w''u'_3 + \frac{9}{14}(u'_3)^2 + \frac{9G}{5Eb_3^2}u_3^2\right]dx \quad (2\text{-}20)$$

（4）外侧上翼缘板应变能：

$$U_4 = \frac{E}{2}I_{s4}\int_0^l\left[(w'')^2 + \frac{3}{2}w''u'_4 + \frac{9}{14}(u'_4)^2 + \frac{9G}{5Eb_4^2}u_4^2\right]dx \quad (2\text{-}21)$$

（5）Ⅲ室下翼缘板应变能：

$$U_5 = \frac{E}{2}I_{s5}\int_0^l\left[(w'')^2 + \frac{3}{2}w''u'_5 + \frac{9}{14}(u'_5)^2 + \frac{9G}{5Eb_1^2}u_5^2\right]dx \quad (2\text{-}22)$$

（6）Ⅱ室下翼缘板应变能：

$$U_6 = \frac{E}{2}I_{s6}\int_0^l\left[(w'')^2 + \frac{3}{2}w''u'_6 + \frac{9}{14}(u'_6)^2 + \frac{9G}{5Eb_2^2}u_6^2\right]dx \quad (2\text{-}23)$$

（7）Ⅰ室下翼缘板应变能：

$$U_7 = \frac{E}{2}I_{s7}\int_0^l\left[(w'')^2 + \frac{3}{2}w''u'_7 + \frac{9}{14}(u'_7)^2 + \frac{9G}{5Eb_3^2}u_7^2\right]dx \quad (2\text{-}24)$$

各腹板应变能：

$$U_{ui} = \frac{E}{2}I_{ui}\int_0^l(w'')^2\,dx \quad (2\text{-}25)$$

梁的外力势能：

$$V = (Mw' - Vw)\big|_0^l - \int_0^l qw\,dx \quad (2\text{-}26)$$

式(2-18)至式(2-24)中，$I_{si}(i=1,2,3,\cdots,7)$ 为各箱室翼缘板对截面形心轴的惯性矩，$I_{s1}=b_1t_1h_1^2$，$I_{s2}=b_2t_1h_1^2$，$I_{s3}=b_3t_1h_1^2$，$I_{s4}=b_4t_1h_1^2$，$I_{s5}=b_1t_2h_2^2$，$I_{s6}=b_2t_2h_2^2$，$I_{s7}=b_3t_2h_2^2$；I_{ui} 为腹板对截面形心轴的惯性矩；E、G 为材料的弹性模型、剪切模量。

令 $I = I_s + I_w$，$I_s = I_{s1} + I_{s2} + I_{s3} + I_{s4} + I_{s5} + I_{s6} + I_{s7}$，所以有：

$$I = 2I_1 + 4I_2 + 4I_3 + 2I_4 + 2I_5 + 4I_6 + 4I_7 + 6I_w, \alpha_1 = \frac{2I_{s1}}{I}, \alpha_2 = \frac{4I_{s2}}{I},$$

$\alpha_3 = \dfrac{4I_{s3}}{I}, \alpha_4 = \dfrac{2I_{s4}}{I}, \alpha_5 = \dfrac{2I_{s5}}{I}, \alpha_6 = \dfrac{4I_{s6}}{I}, \alpha_7 = \dfrac{8I_{s7}}{I}, \alpha_8 = \dfrac{6I_w}{I}$，则梁的总势能为：

$$\Pi = U + V = \frac{EI}{2}\int_0^l \left[(w'')^2 + \frac{3}{2}w'' \sum_{i=1}^{7}\alpha_i u_i + \frac{9}{14}\sum_{i=1}^{7}\alpha_i (u_i')^2 + \frac{9G}{5E}\sum_{i=1}^{7}\frac{\alpha_i}{b_i}u_i{}^2 \right] dx -$$

$$\int_0^l qw\,dx + (Mw' - Vw')\,|_0^l$$

$$(2\text{-}27)$$

对式(2-27)进行变分计算并整理得：

$$\delta\Pi = \int_0^l \left(M + EIw'' + \frac{3}{4}EI\sum_{i=1}^{7}\alpha_i u_i' \right)\delta w''\,dx + EI\int_0^l \left(\frac{9G}{5E}\sum_{i=1}^{7}\frac{\alpha_i}{b_i}u_i - \frac{9}{14}\sum_{i=1}^{7}\alpha_i u_i'' - \right.$$

$$\left. \frac{3}{4}w''\sum_{i=1}^{7}\alpha_i \right)\delta u_i\,dx + \left[EI\left(\frac{9}{14}\sum_{i=1}^{7}\alpha_i u_i' + \frac{3}{4}w''\sum_{i=1}^{7}\alpha_i \right) \right]\Big|_0^l \qquad (2\text{-}28)$$

2.3 控制微分方程求解

根据最小势能原理可知，外荷载作用下平衡状态的弹性体在满足所有边界条件的容许位移中存在这样的一组位移，使总势能达到最小值，即总势能的一阶变分为零。

$$\delta\Pi = \delta(U + V) = 0 \qquad (2\text{-}29)$$

可得到下列微分方程及边界条件：

$$M + EIw'' + \frac{3}{4}EI\sum_{i=1}^{7}\alpha_i u_i' = 0 \qquad (2\text{-}30)$$

$$-\frac{3}{4}\sum_{i=1}^{7}\alpha_i w''' - \frac{9}{14}\sum_{i=1}^{7}\alpha_i u_i'' + \frac{9G}{5E}\sum_{i=1}^{7}\frac{\alpha_i}{b_i}u_i = 0 \qquad (2\text{-}31)$$

$$EI\left(\frac{9}{14}\sum_{i=1}^{7}\alpha_i u_i' + \frac{3}{4}\sum_{i=1}^{7}\alpha_i w'' \right)\Big|_0 = 0 \qquad (2\text{-}32)$$

$$EI\left(\frac{9}{14}\sum_{i=1}^{7}\alpha_i u_i' + \frac{3}{4}\sum_{i=1}^{7}\alpha_i w'' \right)\Big|_l = 0 \qquad (2\text{-}33)$$

式(2-30)至式(2-33)中，式(2-30)和式(2-31)为微分方程，式(2-32)和式(2-33)为相应的边界条件。

由式(2-30)可求得 $w''' = -\dfrac{3}{4}\sum_{i=1}^{7}\alpha_i u_i'' - \dfrac{Q(x)}{EI}$，将其代入控制方程[式(2-31)]中可得：

$$\left(1 - \frac{7}{8}\sum_{i=1}^{7}\alpha_i\right)u_i'' - \frac{14G}{5E}\sum_{i=1}^{7}\frac{u_i}{b_i^2} - \frac{7Q(x)}{6EI} = 0 \qquad (2\text{-}34)$$

将其整理成矩阵形式：

$$\begin{bmatrix} 1-\frac{7}{8}\alpha_1 & -\frac{7}{8}\alpha_2 & -\frac{7}{8}\alpha_3 & -\frac{7}{8}\alpha_4 & -\frac{7}{8}\alpha_5 & -\frac{7}{8}\alpha_6 & -\frac{7}{8}\alpha_7 \\ -\frac{7}{8}\alpha_1 & 1-\frac{7}{8}\alpha_2 & -\frac{7}{8}\alpha_3 & -\frac{7}{8}\alpha_4 & -\frac{7}{8}\alpha_5 & -\frac{7}{8}\alpha_6 & -\frac{7}{8}\alpha_7 \\ -\frac{7}{8}\alpha_1 & -\frac{7}{8}\alpha_2 & 1-\frac{7}{8}\alpha_3 & -\frac{7}{8}\alpha_4 & -\frac{7}{8}\alpha_5 & -\frac{7}{8}\alpha_6 & -\frac{7}{8}\alpha_7 \\ -\frac{7}{8}\alpha_1 & -\frac{7}{8}\alpha_2 & -\frac{7}{8}\alpha_3 & 1-\frac{7}{8}\alpha_4 & -\frac{7}{8}\alpha_5 & -\frac{7}{8}\alpha_6 & -\frac{7}{8}\alpha_7 \\ -\frac{7}{8}\alpha_1 & -\frac{7}{8}\alpha_2 & -\frac{7}{8}\alpha_3 & -\frac{7}{8}\alpha_4 & 1-\frac{7}{8}\alpha_5 & -\frac{7}{8}\alpha_6 & -\frac{7}{8}\alpha_7 \\ -\frac{7}{8}\alpha_1 & -\frac{7}{8}\alpha_2 & -\frac{7}{8}\alpha_3 & -\frac{7}{8}\alpha_4 & -\frac{7}{8}\alpha_5 & 1-\frac{7}{8}\alpha_6 & -\frac{7}{8}\alpha_7 \\ -\frac{7}{8}\alpha_1 & -\frac{7}{8}\alpha_2 & -\frac{7}{8}\alpha_3 & -\frac{7}{8}\alpha_4 & -\frac{7}{8}\alpha_5 & -\frac{7}{8}\alpha_6 & 1-\frac{7}{8}\alpha_7 \end{bmatrix} \begin{bmatrix} u_1'' \\ u_2'' \\ u_3'' \\ u_4'' \\ u_5'' \\ u_6'' \\ u_7'' \end{bmatrix} -$$

$$\frac{14G}{5E}\begin{bmatrix} \frac{1}{b_1^2} & & & & & & \\ & \frac{1}{b_2^2} & & & & & \\ & & \frac{1}{b_3^2} & & & & \\ & & & \frac{1}{b_4^2} & & & \\ & & & & \frac{1}{b_5^2} & & \\ & & & & & \frac{1}{b_6^2} & \\ & & & & & & \frac{1}{b_7^2} \end{bmatrix} \begin{bmatrix} u_1 \\ u_2 \\ u_3 \\ u_4 \\ u_5 \\ u_6 \\ u_7 \end{bmatrix} = \frac{7Q(x)}{6EI}\begin{bmatrix} 1 \\ 1 \\ 1 \\ 1 \\ 1 \\ 1 \\ 1 \end{bmatrix}$$

式中，b_5，b_6，b_7 为内室各底板的宽度，本书中所选截面中，顶、底板宽度相同，所以 $b_5 = b_1$，$b_6 = b_2$，$b_7 = b_3$。

特殊情况：令 $u_1 = u_2 = u_3 = u_4 = u_5 = u_6 = u_7 = u$，$n = \dfrac{1}{1-\dfrac{7}{8}\dfrac{I_s}{I}}$，

$k = \sqrt{\dfrac{14Gn}{5E} \displaystyle\sum_{i=1}^{7} \dfrac{1}{b_i^2}}$，则方程式(2-30)和式(2-31)变为：

$$EIw'' + M(x) + \frac{3}{4}EI_s u' = 0 \tag{2-35}$$

$$u'' - k^2 = \frac{7nQ(x)}{6EI} \tag{2-36}$$

式(2-35)和式(2-36)为基于变分法求解箱梁剪力滞后效应位移函数的控制微分方程。只要求出 $u(x)$ 就可以求解箱梁的剪力滞后效应。

微分方程式(2-36)的一般解形式为：

$$u(x) = \frac{7n}{6EI}(C_1 \mathrm{sh}kx + C_2 \mathrm{ch}kx + u^*) \tag{2-37}$$

式中，u^* 为方程 $u(x)$ 的特解；C_1，C_2 为系数，由梁的边界条件确定。

当板固结时：

$$\begin{cases} u = 0 \\ \delta u = 0 \end{cases}$$

当板非固结时：

$$\left.\left(\frac{9}{14}u' + \frac{3}{4}w''\right)\right|_{x_1}^{x_2} = 0$$

由式(2-35)和式(2-36)得：

$$w''(x) = -\frac{M(x)}{EI} - \frac{3}{4}\frac{I_s}{I}u'(x) = -\frac{M(x) + M_F}{EI} \tag{2-38}$$

式中，M_F 为剪力滞后效应的附加弯矩，$M_F = \dfrac{3}{4}EI_s u'(x)$。它与翼缘板最大纵向位移差函数 $u(x)$ 的一阶导数有关，并且与翼缘板对形心轴的弯曲刚度 EI_s 成正比。

对式(2-31)微分一次得到：

$$\frac{9G}{5E}\sum_{i=1}^{7}\frac{u(x)}{b_i^2} - \frac{9}{14}u''' - \frac{3}{4}w^{(4)}(x) = 0 \tag{2-39}$$

由式(2-35)得：

$$u'(x) = -\frac{4}{3EI_s}[M(x) + EIw''(x)] \tag{2-40}$$

将式(2-40)微分两次得：

$$u''' = \frac{-4}{3EI_s}[M''(x) + EIw^{(4)}(x)] \tag{2-41}$$

将式(2-40)和式(2-41)代入式(2-39)中得：

$$-\frac{12G}{5E}\sum_{i=1}^{7}\frac{1}{b_i{}^2}\frac{1}{EI_s}[M(x)+EIw''(x)]+\frac{6}{7}\frac{1}{EI_s}\left[M''(x)+EIw^{(4)}(x)-\frac{3}{4}w^{(4)}(x)\right]=0$$

$$(2-42)$$

式(2-42)乘以 $\frac{7}{6}$ 得：

$$\left(1-\frac{7}{8}\right)\frac{I_s}{I}w^{(4)}+\frac{M''(x)}{EI}-\frac{14G}{5E}\sum_{i=1}^{7}\frac{1}{b_i}\left[\frac{M(x)}{EI}+w''\right]=0 \quad (2-43)$$

由 $n=\dfrac{1}{1-\dfrac{7}{8}\dfrac{I_s}{I}}$ 和 $k=\sqrt{\dfrac{14Gn}{5E}\sum_{i=1}^{7}\dfrac{1}{b_i{}^2}}$，有：

$$w^{(4)}+n\frac{M''(x)}{EI}-k^2\left[\frac{M(x)}{EI}+w''\right]=0 \quad (2-44)$$

得到关于挠度 w 的四次微分方程：

$$w^{(4)}-k^2w''=k^2\frac{M(x)}{EI}-\frac{nM''(x)}{EI} \quad (2-45)$$

最后得出各翼缘板的弯曲正应力：

$$\sigma_{xi}=E\frac{\partial u_i(x,y)}{\partial x}=Eh_i\left[w''(x)+\left(1-\frac{y^3}{b_i{}^3}\right)u_i{}'(x)\right]$$

$$=\pm Eh_i\left[\frac{M(x)}{EI}-\left(1-\frac{y^3}{b_i{}^3}-\frac{3}{4}\frac{I_s}{I}\right)u'_i(x)\right] \quad (2-46)$$

2.4 静定梁的剪力滞后效应分析

2.4.1 简支梁承受集中荷载 P

当简支梁承受集中荷载 P 时，如图 2-2 所示。

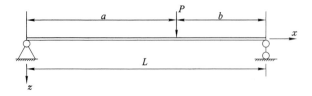

图 2-2 简支梁承受集中荷载 P

① 当 $0 \leqslant x \leqslant a$ 时：

$$\begin{cases} M_1(x) = \dfrac{b}{l}Px = \xi Px \\ Q_1(x) = \dfrac{b}{l}P = \xi P \\ \xi = \dfrac{b}{l} \end{cases} \tag{2-47}$$

$$u_1'' - k^2 u_1 = \dfrac{7n\xi P}{6EI} \tag{2-48}$$

$$u_1 = \dfrac{7nP}{6EI}\left(C_1 \mathrm{sh}kx + C_2 \mathrm{ch}kx - \dfrac{\xi}{k^2}\right) \tag{2-49}$$

② 当 $a \leqslant x \leqslant l$ 时：

$$\begin{cases} M_2(x) = (a - \eta x)P \\ Q_2(x) = -\eta P \\ \eta = \dfrac{a}{l} \end{cases} \tag{2-50}$$

$$u''_2 - k^2 u_2 = -\dfrac{7n\eta p}{6EI} \tag{2-51}$$

$$u_2 = \dfrac{7n\eta p}{6EI}\left(C_3 \mathrm{sh}kx + C_4 \mathrm{ch}kx + \dfrac{\eta}{k^2}\right) \tag{2-52}$$

(1) 边界条件

当 $x = a$ 时，$u_1 = u_2$。

① $u_1'\big|_{x=0} = 0$；

② $u_2'\big|_{x=l} = 0$。

可求得 $x = a$ 时的 C_1, C_2, C_3, C_4 的解：

$$\begin{cases} C_1 = 0 \\ C_2 = \dfrac{\mathrm{sh}k(l-a)}{k^2 \mathrm{sh}kl} \\ C_3 = \dfrac{\mathrm{sh}ka}{k^2} \\ C_4 = -\dfrac{\mathrm{sh}ka}{k^2 \mathrm{th}kl} \end{cases}$$

得到：

$$\begin{cases} u_1 = \dfrac{7np}{6EIk^2}\left[\dfrac{\mathrm{sh}k(l-a)}{\mathrm{sh}kl}\mathrm{ch}kl - \dfrac{b}{l}\right] \\ u_2 = \dfrac{7np}{6EIk^2}\left[\mathrm{sh}ka\cdot\mathrm{sh}kx - \mathrm{sh}ka\cdot\mathrm{cth}kl\cdot\mathrm{ch}kx + \dfrac{a}{l}\right] \end{cases} \tag{2-53}$$

（2）应力

① $0 \leqslant x \leqslant a$ 段：

$$\sigma_{xi} = \pm\dfrac{h_i}{I}\left\{M(x) - \dfrac{7np}{6k}\left(1 - \dfrac{y^3}{b_i^3} - \dfrac{3I_s}{I}\right)\cdot\left[\dfrac{\mathrm{sh}k(l-a)}{\mathrm{sh}kl}\cdot\mathrm{sh}kx\right]\right\} \tag{2-54}$$

② $a \leqslant x \leqslant l$ 段：

$$\sigma_{xi} = \pm\dfrac{h_i}{I}\left\{M(x) - \dfrac{7np}{6k}\left(1 - \dfrac{y^3}{b_i^3} - \dfrac{3I_s}{4I}\right)\cdot(\mathrm{sh}ka\cdot\mathrm{ch}kx - \mathrm{sh}ka\cdot\mathrm{cth}kl\cdot\mathrm{sh}kx)\right\} \tag{2-55}$$

（3）剪力滞后效应系数

$$\lambda = \dfrac{\sigma_{xi}}{\bar{\sigma}} = 1 - \dfrac{7n}{6\xi kx}\left(1 - \dfrac{y^3}{b_i^3} - \dfrac{3I_s}{4I}\right)\cdot\dfrac{\mathrm{sh}k(l-a)}{\mathrm{sh}kl}\cdot\mathrm{sh}kx \tag{2-56}$$

当集中力作用在跨中时，$a = \dfrac{l}{2}$，$\xi = \eta = \dfrac{1}{2}$。

$$\sigma_{xi} = \pm\dfrac{h_i}{I}\left[M(x) - \dfrac{7np}{6k}\left(1 - \dfrac{y^3}{b_i^3} - \dfrac{3I_s}{4I}\right)\cdot\dfrac{\mathrm{sh}\dfrac{kl}{2}}{\mathrm{sh}kl}\cdot\mathrm{sh}kx\right] \tag{2-57}$$

跨中截面剪力滞后效应系数：

$$\lambda = 1 - \dfrac{7n}{3kl}\left(1 - \dfrac{y^3}{b_i^3} - \dfrac{3I_s}{4I}\right)\mathrm{th}\dfrac{kl}{2} \tag{2-58}$$

跨中截面肋板处的剪力滞后效应系数：

$$\lambda^c = 1 - \dfrac{7n}{3kl}\left(1 - \dfrac{3I_s}{4I}\right)\mathrm{th}\dfrac{kl}{2} \tag{2-59}$$

（4）挠度

此外，由于剪力滞后效应的影响，挠度也会增大。

集中力 P 作用在跨中时，附加弯矩为：

$$M_F = \dfrac{7I_s np}{16IK}\cdot\dfrac{\mathrm{sh}kx}{\mathrm{ch}\dfrac{kl}{2}} \tag{2-60}$$

$$w'' = -\dfrac{1}{EI}\left(\dfrac{px}{2} + \dfrac{7I_s np}{16IK}\cdot\dfrac{\mathrm{sh}kx}{\mathrm{ch}\dfrac{kl}{2}}\right) \tag{2-61}$$

两次积分得：

$$w = -\frac{p}{EI}\left[\frac{x^3}{12} + \frac{7nI_s}{16Ik^3} \cdot \frac{\mathrm{sh}kx}{\mathrm{ch}\dfrac{kl}{2}} + C_1 x + C_2\right] \tag{2-62}$$

边界条件：

$$\begin{cases} w_{x=0} = 0 \\ w'_{x=\frac{l}{2}} = 0 \end{cases}$$

得：

$$\begin{cases} C_1 = -\dfrac{l^2}{16} - \dfrac{7I_s n}{16Ik^2} \\ C_2 = 0 \end{cases}$$

故挠度为：

$$w = -\frac{p}{EI}\left[\frac{x^3}{12} + \frac{7nI_s}{16Ik^3} \cdot \frac{\mathrm{sh}kx}{\mathrm{ch}\dfrac{kl}{2}} - \left(\frac{l^2}{16} + \frac{7I_s n}{16Ik^2}\right)x\right] \tag{2-63}$$

当 $x = \dfrac{l}{2}$ 时，跨中最大挠度 $w_{\max} = \dfrac{P}{EI}\left[\dfrac{l^3}{48} + \dfrac{7nI_s}{16Ik^2}\left(\dfrac{l}{2} - \dfrac{1}{k}\mathrm{th}\dfrac{kl}{2}\right)\right]$。

2.4.2 简支梁承受均布荷载 q

当简支梁承受均布荷载 q 时，如图 2-3 所示，其弯矩与剪力的函数为：

$$\begin{cases} M(x) = \dfrac{q}{2}x(l-x) \\ Q(x) = \dfrac{q}{2}(l-2x) \\ u'' - k^2 u = \dfrac{7nq}{12EI}(l-2x) \end{cases} \tag{2-64}$$

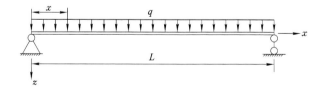

图 2-3 简支梁承受均布荷载 q

解得：

$$u = \frac{7nq}{6EI}\left(-\frac{l-2x}{2k^2} + C_1\,\text{sh}kx + C_2\,\text{ch}kx\right) \tag{2-65}$$

（1）边界条件

简支梁在端支点 $x=0, x=l$ 处的边界条件为：

$$\begin{cases} u_1{'}\,|_{x=0} = 0 \\ u_2{'}\,|_{x=l} = 0 \end{cases}$$

可得：

$$\begin{cases} C_1 = -\dfrac{1}{k^3} \\ C_2 = \dfrac{\text{ch}kl-1}{k^3\,\text{sh}kl} \end{cases}$$

于是：

$$u = \frac{7nq}{6EIk^2}\left(-\frac{l-2x}{2} - \frac{1}{k}\text{sh}kx + \frac{\text{ch}kl-1}{k\,\text{sh}kl}\text{ch}kx\right) \tag{2-66}$$

$$u' = \frac{7nq}{6EIk^2}\left[1 - \text{ch}kx + (\text{ch}kl-1)\frac{\text{sh}kx}{\text{sh}kl}l\right] \tag{2-67}$$

（2）附加弯矩

$$M_\text{F} = \frac{7I_s nq}{8Ik^2}\left[1 - \text{ch}kx + (\text{ch}kl-1)\frac{\text{sh}kx}{\text{sh}kl}\right] \tag{2-68}$$

（3）应力

$$\sigma_x = \pm\frac{h_i}{I}\left\{M(x) - \frac{7nq}{6k^2}\left(1 - \frac{y^3}{b_i^3} - \frac{3I_s}{4I}\right)\left[1 - \text{ch}kx + (\text{ch}kl-1)\frac{\text{sh}kx}{\text{sh}kl}\right]\right\} \tag{2-69}$$

（4）各截面剪力滞后效应系数

$$\lambda = \frac{\sigma_x}{\sigma} = 1 - \frac{7n}{3k^2x(l-x)}\left(1 - \frac{y^3}{b_i^3} - \frac{3I_s}{4I}\right)\left[1 - \text{ch}kx + (\text{ch}kl-l)\frac{\text{sh}kx}{\text{sh}kl}\right] \tag{2-70}$$

① 跨中截面剪力滞后效应系数：

$$\lambda = 1 - \frac{28n}{3k^2l^2}\left(1 - \frac{y^3}{b_i^3} - \frac{3I_s}{4I}\right)\left(1 - \frac{1}{\text{ch}\dfrac{kl}{2}}\right) \tag{2-71}$$

② 跨中截面肋板处的剪力滞后效应系数：

$$\lambda^e = 1 + \frac{7n}{k^2l^2}\frac{I_s}{I}\left(1 - \frac{1}{\text{ch}\dfrac{kl}{2}}\right) \tag{2-72}$$

③ 跨中截面翼缘板中心处的剪力滞后效应系数：

$$\lambda^c = 1 - \frac{28n}{3k^2l^2}\left(1 - \frac{3I_s}{4I}\right)\left(1 - \frac{1}{\text{ch}\frac{kl}{2}}\right) \qquad (2\text{-}73)$$

（5）挠度

$$w'' = -\frac{q}{EI}\left[\frac{lx}{2} - \frac{x^2}{2} + \frac{7nI_s}{8k^2I}\left(1 - \text{ch}kx + \text{th}\frac{kl}{2} \cdot \frac{\text{sh}kx}{k^2}\right)\right] \qquad (2\text{-}74)$$

两次积分得：

$$w = -\frac{q}{EI}\left[\frac{lx^3}{12} - \frac{x^4}{24} + \frac{7nI_s}{8k^2I}\left(\frac{x^2}{2} - \frac{\text{ch}kx}{k^2} + \text{th}\frac{kl}{2} \cdot \frac{\text{sh}kx}{k^2}\right)\right] + C_1 x + C_2$$

$$(2\text{-}75)$$

由于边界条件：

$$\begin{cases} w_{x=0} = 0 \\ w'_{x=\frac{l}{2}} = 0 \end{cases}$$

得：

$$\begin{cases} C_1 = \frac{ql}{2EI}\left(\frac{l^2}{12} + \frac{7n}{8k^2} \cdot \frac{I_{s1}}{I}\right) \\ C_2 = -\frac{7n}{8k^2} \cdot \frac{I_s}{I} \cdot \frac{q}{EIk^2} \end{cases}$$

任一点考虑剪力滞后效应，简支梁承受均布荷载 q 的挠度表达式为：

$$w = -\frac{q}{EI}\left\{\frac{x}{24}(2lx^2 - x^3 - l^3) + \frac{7nI_{s1}}{8k^2I}\left[\frac{x^2}{2} - \frac{lx}{2} + \frac{1}{k^2}\left(1 - \text{ch}\,kx + \text{th}\frac{kl}{2} \cdot \text{sh}\,kx\right)\right]\right\}$$

$$(2\text{-}76)$$

当 $x = \frac{l}{2}$ 时，跨中最大挠度为：

$$w = \frac{q}{EI}\left\{\frac{5l^4}{384} + \frac{7nI_{s1}}{8k^2I}\left[\frac{l^2}{8} - \frac{1}{k^2}\left(1 - \text{ch}\frac{kl}{2} + \text{th}\frac{kl}{2} \cdot \text{sh}\frac{kl}{2}\right)\right]\right\} \qquad (2\text{-}77)$$

2.4.3　悬臂梁自由端作用有集中力 P

如图 2-4 所示悬臂梁自由端作用有集中力，则：

$$\begin{cases} M(x) = -Px \\ Q(x) = -P \end{cases}$$

微分方程为：

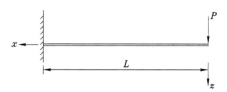

图 2-4 悬臂梁自由端承受集中荷载 P

$$u'' - k^2 u = -\frac{7np}{6EI}$$

上式通解为：

$$u = \frac{7np}{6EI}\left(C_1 \operatorname{sh}kx + C_2 \operatorname{ch}kx + \frac{1}{k^2}\right) \qquad (2-78)$$

（1）边界条件

$$u'\big|_{x=0} = 0,\, u'\big|_{x=l} = 0$$

$$u' = \frac{7np}{6EI}\left(kC_1 \operatorname{ch}kx + kC_2 \operatorname{sh}kx\right) \qquad (2-79)$$

当 $x = 0$ 时：

$$C_1 = 0$$

当 $x = l$ 时：

$$u = \frac{7np}{6EI}\left(C_2 \operatorname{ch}kl + \frac{1}{k^2}\right)$$

解得：

$$C_2 = -\frac{1}{k^2 \operatorname{ch}kl}$$

故：

$$u = \frac{7np}{6EIk^2}\left(1 - \frac{\operatorname{ch}kx}{\operatorname{ch}kl}\right) \qquad (2-80)$$

（2）应力

$$\sigma_x = \frac{h_i}{I}\left[M(x) + \frac{7np}{6k}\left(1 - \frac{y^3}{b_i^3} - \frac{3I_s}{4I}\right)\frac{\operatorname{sh}kx}{\operatorname{ch}kl}\right] \qquad (2-81)$$

固端截面：

$$\sigma_1 = \pm\frac{Plh_i}{I}\left[1 - \left(1 - \frac{y^3}{b_i^3} - \frac{3I_s}{4I}\right)\frac{7n}{6kl}\operatorname{th}kl\right] \qquad (2-82)$$

（3）固端截面处剪力滞后效应系数

$$\lambda = 1 - (1 - \frac{y^3}{b_i^3} - \frac{3I_s}{4I}) \frac{7n\text{th}kl}{6kl} \tag{2-83}$$

（4）挠度

$$w'' = \frac{P}{EI}(\frac{x^3}{6} + \frac{7nI_{s1}}{8k^3 I} \cdot \frac{\text{sh}kx}{\text{ch}kl}) \tag{2-84}$$

积分两次后得：

$$w = \frac{P}{EI}(\frac{x^3}{6} + \frac{7nI_s}{8k^3 I} \cdot \frac{\text{sh}kx}{\text{ch}kl}) + C_1 x + C_2 \tag{2-85}$$

边界条件为：

$$\begin{cases} w\big|_{x=0} = 0 \\ w'\big|_{x=l} = 0 \end{cases}$$

可得：

$$w = \frac{P}{EI}\left[\frac{l^3}{6}(\frac{x^3}{l^3} - \frac{3x}{l} + 2) + \frac{7nI_s}{8k^2 I}\left(l - x - \frac{\text{sh}kl - \text{sh}kx}{k\,\text{ch}kl}\right)\right] \tag{2-86}$$

2.4.4 悬臂梁承受均布荷载 q

悬臂梁承受均布荷载，如图 2-5 所示，则：

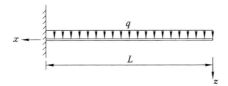

图 2-5 悬臂梁承受均布荷载 q

$$\begin{cases} M(x) = -\frac{1}{2}qx^2 \\ Q(x) = -qx \end{cases}$$

其微分方程表达式为：

$$u'' - k^2 u = -\frac{7nqx}{6EI} \tag{2-87}$$

式（2-87）的通解为：

$$u = \frac{7nq}{6EI}\left(C_1 \text{sh}kx + C_2 \text{ch}kx + \frac{x}{k^2}\right) \tag{2-88}$$

（1）边界条件

① $u' \big|_{x=0} = 0$；

② $u' \big|_{x=l} = 0$。

可得：

$$\begin{cases} C_1 = -\dfrac{1}{k^3} \\[3mm] C_2 = \dfrac{\mathrm{sh}kl - kl}{k^3 \mathrm{ch}kl} \end{cases}$$

则：

$$u = \frac{7nq}{6EIk^2}\left[-\frac{1}{k}\mathrm{sh}kx + \left(\frac{1}{k}\mathrm{th}kl - \frac{1}{\mathrm{ch}kl} \right)\mathrm{ch}kx + x \right] \tag{2-89}$$

（2）附加弯矩

$$M_F = \frac{7nI_s q}{8k^2 I}\left[1 - \mathrm{ch}kx + \left(\mathrm{th}kl - \frac{kl}{\mathrm{ch}kl} \right)\mathrm{sh}kx \right] \tag{2-90}$$

（3）翼缘板上正应力

$$\sigma_x = \pm \frac{qh_i}{I}\left\{ -\frac{1}{2}x^2 - \left(1 - \frac{y^3}{b_i} - 4\frac{3I_s}{I} \right)\frac{7n}{6k^2}\left[1 - \frac{\mathrm{ch}k(l-x) + kl\,\mathrm{sh}kx}{\mathrm{ch}kl} \right] \right\}$$

$$\tag{2-91}$$

（4）固端截面腹板与翼缘板交界处剪力滞后效应系数

$$\lambda = 1 - \frac{7}{4}\frac{I_s n}{Ik^2 l^2}\left(1 - \frac{1 + kl\,\mathrm{sh}kl}{\mathrm{ch}kl} \right) \tag{2-92}$$

（5）挠度

$$w'' = \frac{q}{EI}\left\{ \frac{x^2}{2} - \frac{7nI_s}{8k^2 I}\left[1 - \mathrm{ch}kx + (\mathrm{th}kl - \frac{kl}{\mathrm{ch}kl})\mathrm{sh}kx \right] \right\} \tag{2-93}$$

积分两次后得：

$$w = \frac{q}{EI}\left\{ \frac{x^4}{24} - \frac{7nI_s}{8k^2 I}\left[\frac{x^2}{2} - \frac{\mathrm{ch}kx}{k^2}(\mathrm{th}kl - \frac{kl}{\mathrm{ch}kl})\mathrm{sh}kx \right] \right\} + C_1 x + C_2 \tag{2-94}$$

利用边界条件：

$$\begin{cases} w \big|_{x=0} = 0 \\ w' \big|_{x=l} = 0 \end{cases}$$

$$\begin{cases} C_1 = -\dfrac{ql^3}{6EI} \\[3mm] C_2 = \dfrac{1}{EI}\left\{ \dfrac{ql^4}{8} + \dfrac{7nqI_s}{8k^2 I}\left[\dfrac{l^2}{2} - \dfrac{1}{k^2 \mathrm{ch}kl}(1 + kl\,\mathrm{sh}kl) \right] \right\} \end{cases} \tag{2-95}$$

可得：

$$w = \frac{q}{EI} \left\{ \frac{l^4}{24} \left(\frac{x^4}{l^4} - \frac{4x}{l} + 3 \right) + \frac{7nI_s}{8k^2 I} \left[\frac{1}{2}(l^2 - x^2) + \right. \right.$$

$$\left. \left. \frac{\text{ch}k(l-x) - kl(\text{sh}kl - \text{sh}kx) - 1}{k^2 \text{ch}kl} \right] \right\} \qquad (2\text{-}96)$$

2.5　计算实例

一单箱五室矩形截面简支钢箱梁,截面尺寸如图 2-6 所示。材料为 Q345E 钢,弹性模量 $E = 2.06 \times 10^5$ MPa,泊松比 $\mu = 0.3$,跨径 $L = 50$ m。梁内腹板上翼缘分别作用集中荷载 $F = 20$ kN 和均布荷载 $q = 10$ kN/m。

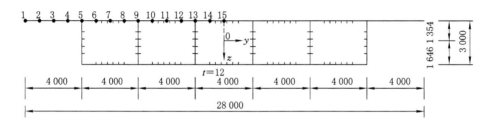

图 2-6　单箱五室钢箱梁截面图(单位:mm)

利用能量变分法对集中荷载 $F = 20$ kN 和均布荷载 $q = 10$ kN/m 情况下箱梁截面的剪力滞后效应系数进行计算,同时建立空间板单元有限元模型进行静力分析,并对结果进行对比,模型如图 2-7 所示。

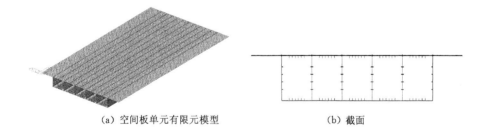

（a）空间板单元有限元模型　　　　　　（b）截面

图 2-7　钢箱梁空间板单元有限元模型及截面示意图

表 2-1 和图 2-8 给出了集中荷载和均布荷载作用下有限元法计算结果和理论解的对比。

表 2-1 跨中截面应力对比表   单位：MPa

荷载形式	集中荷载			均布荷载		
位置/m	本书理论解	有限元解	误差	本书理论解	有限元解	误差
0	−0.99	−0.79	25.3%	−12.15	−11.87	2.3%
1	−1.98	−1.75	13.1%	−12.53	−12.41	0.9%
2	−2.85	−2.64	7.9%	−13.05	−12.92	1.1%
3	−3.93	−3.72	5.6%	−13.56	−13.44	0.9%
4	−4.75	−4.68	1.5%	−14.06	−14.02	0.3%
5	−3.21	−3.68	−12.8%	−13.12	−13.41	−2.2%
6	−1.93	−2.61	−26.1%	−12.37	−12.93	−4.5%
7	−3.24	−3.91	−17.1%	−13.41	−13.72	−2.3%
8	−4.85	−4.95	−2.2%	−14.28	−14.53	−1.8%
9	−3.29	−3.85	−14.5%	−13.45	−13.78	−2.5%
10	−2.14	−2.59	−17.3%	−12.51	−12.95	−3.5%
11	−3.33	−3.89	−14.4%	−13.51	−13.76	−1.9%
12	−5.03	−5.13	−1.9%	−14.35	−14.56	−1.5%
13	−3.38	−3.87	−12.7%	−13.42	−13.79	−2.8%
14	−2.12	−2.59	−18.1%	−12.62	−12.95	−2.6%

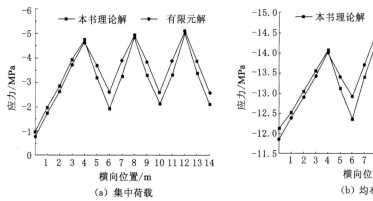
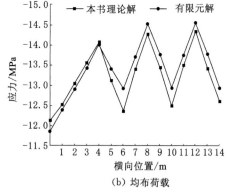

（a）集中荷载   （b）均布荷载

图 2-8 跨中截面应力对比图

从表 2-1 和图 2-8 可以看出，本书理论解与有限元解之间存在一定的误差，两种荷载作用下绝大多数位置的误差均小于 20%。可以发现，腹板处两者的差距较小,而两腹板之间的顶板各处的误差稍大一些,这是因为为了方便推导公式和计算,预先做出了一些假设,其中一条是忽略了加劲肋对总势能的影响。而有限元分析时,设置了顶板加劲肋,所以会导致一定的误差。同时发现,均布荷载作用下理论解和有限元解误差较小,可能是因为均布荷载作用下受力比较均匀,各点的应力值误差不会过大;而集中荷载作用下理论解和有限元解误差较大,这应该是集中荷载设置在跨中的原因,使得各点的应力存在一定的差值。例如图 2-8 中 12—15 号位置处于集中力作用位置附近,这几处除了腹板处的应力值与理论值差值比较小之外,其他处均过大。还有图 2-8 中 1 号位置,有限元解与理论解的误差为 25.3%,应该是由于处于悬臂端部,集中力作用在此处较弱,导致有限元解过小,与理论解差值过大。

2.6　本章小结

本章采取赖斯纳理论的能量变分法推导出单箱五室钢箱梁剪力滞后效应的微分方程,并且整理出简支梁和悬臂梁在两种类型荷载作用下的应力计算公式。基于有限元软件 Midas/civil 将钢箱梁离散为空间板单元模型,经过软件计算得出跨中截面应力值,并将计算结果与理论值进行对比。结果表明,有限元解与理论解存在一定的误差,分析认为误差在可控范围之内,说明选择板单元建立有限元模型来分析钢箱梁剪力滞后效应是可行的。

3 比拟杆法分析钢箱梁截面剪力滞后效应

本章对单箱四室的箱梁截面(图 3-1)进行研究,采用比拟杆法对单箱四室钢箱梁截面剪力滞后效应进行分析。对比拟杆法的基本思路进行阐述,推导出了均布荷载和集中荷载作用于简支梁和悬臂梁时的微分方程,对静定结构的剪力滞后效应进行分析,最后结合实例进行分析对比。

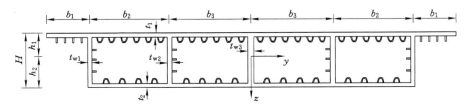

图 3-1 单箱四室箱梁截面

3.1 比拟杆法的基本思路

3.1.1 基本假定

比拟杆法的基本假定为[63-65]:

(1)将薄壁箱梁等效为由理想化的加劲杆和薄板组成的共同受力体系,如图 3-2 所示。

(2)经等效处理后,加劲杆承受轴力,薄板传递剪力。

(3)以箱梁上、下翼缘板的应力等效为原则,求出薄板的等效厚度,薄板等效面积与加劲杆等效前的面积之和即所需加劲杆等效面积。

(4)作用于截面上的垂直剪力由腹板承担。

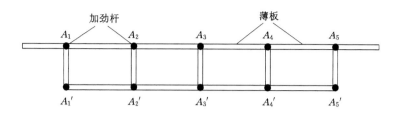

图 3-2　薄板和加劲杆等效体系

3.1.2　薄板和加劲杆的等效计算

弯矩 M 作用在单箱四室箱梁上,则上、下翼缘板的弯曲正应力可以根据初等梁的弯曲理论求得:

$$\sigma_{\text{上(下)}} = \frac{M(x)h_{1(2)}}{I} \tag{3-1}$$

等效后得到:

$$\sigma_{\text{上(下)}} = \frac{M(x)h_{1(2)}}{I} = \frac{M(x)}{HA_{\text{ef(上)下}}} \tag{3-2}$$

式中,I 为原截面的抗弯惯性矩。

$$I = 2\left[\frac{(t_{\text{w1}} + t_{\text{w2}})H^3}{12} + (t_{\text{w1}} + t_{\text{w2}})H\left(\frac{H}{2} - h_1\right)^2\right] + \left[\frac{t_{\text{w3}}H^3}{12} + t_{\text{w3}}H\left(\frac{H}{2} - h_1\right)^2\right] +$$

$$2\left[\frac{(b_1 + b_2 + b_3)t_1^3}{12} + (b_1 + b_2 + b_3)t_1 h_1^2\right] + 2\left[\frac{(b_2 + b_3)t_2^3}{12} + (b_2 + b_3)h_2^2\right] \tag{3-3}$$

对翼缘板自身的惯性矩忽略不计,得到:

$$I = 2\left[\frac{(t_{\text{w1}} + t_{\text{w2}})H^3}{12} + (t_{\text{w1}} + t_{\text{w2}})H\left(\frac{H}{2} - h_1\right)^2\right] +$$

$$h_1^2\left[\frac{t_{\text{w3}}H^3}{12} + t_{\text{w3}}H\left(\frac{H}{2} - h_1\right)^2\right] + 2(b_1 + b_2 + b_3)t_1 h_1^2 + 2(b_2 + b_3)h_2^2$$

$$\tag{3-4}$$

上、下翼缘板的等效面积为:

$$\begin{cases} A_{\text{ef(上)}} = 2\left[\alpha_1(t_{\text{w1}} + t_{\text{w2}})H + \beta_1 t_{\text{w3}}H + \eta_1(b_1 + b_2 + b_3)t_1\right] \\ A_{\text{ef(下)}} = 2\left[\alpha_2(t_{\text{w1}} + t_{\text{w2}})H + \beta_2 t_{\text{w3}}H + \eta_2(b_2 + b_3)t_2\right] \end{cases} \tag{3-5}$$

上、下翼缘板的等效厚度为:

$$\begin{cases} t_{\text{ef(上)}} = \eta_1 t_1 \\ t_{\text{ef(上)}} = \eta_2 t_2 \end{cases} \tag{3-6}$$

由式(2-4)和式(2-5)导出等效系数为：

$$\begin{cases} \alpha_1 = \dfrac{H}{12h_1} + \dfrac{1}{Hh_1}\left(\dfrac{H}{2} - h_1\right)^2 \\[3mm] \beta_1 = \dfrac{h_1}{H} + \dfrac{t_2 h_2^2}{t_1 h_1 H} \\[3mm] \eta_1 = \dfrac{h_1}{H} + \dfrac{(b_2 + b_3)t_2 h_2^2}{(b_1 + b_2 + b_3)Ht_1 h_1} \\[3mm] \alpha_2 = \dfrac{H}{12h_2} + \dfrac{1}{Hh_2}\left(\dfrac{H}{2} - h_1\right)^2 \\[3mm] \beta_2 = \dfrac{h_2}{H} + \dfrac{t_1 h_1^2}{t_2 h_2 H} \\[3mm] \eta_2 = \dfrac{(b_1 + b_2 + b_3)t_1 h_1^2}{(b_2 + b_3)Ht_2 h_2} + \dfrac{h_2}{H} \end{cases} \tag{3-7}$$

根据基本假定,按图 3-1 将上、下翼缘板均等效为加劲杆,各加劲杆的面积公式见表 3-1。

表 3-1 加劲杆面积公式表

加劲杆位置	加劲杆编号	加劲杆面积公式
顶板外部	A_1, A_5	$\alpha_1 t_{w1} H + \eta_1\left(b_1 + \dfrac{b_2}{2}\right)t_1$
顶板内部	A_2, A_4	$\alpha_1 t_{w2} H + \eta_1\left(\dfrac{b_2 + b_3}{2}\right)t_1$
顶板中部	A_3	$\beta_1 t_{w3} H + \eta_1 b_3 t_1$
底板外部	A'_1, A'_5	$\alpha_2 t_{w1} H + \eta_2\left(b_1 + \dfrac{b_2}{2}\right)t_2$
底板内部	A'_2, A'_4	$\alpha_2 t_{w2} H + \eta_2\left(\dfrac{b_2 + b_3}{2}\right)t_2$
底板中部	A'_3	$\beta_2 t_{w3} H + \eta_2 b_3 t_2$

3.2 微分方程的建立与求解

3.2.1 微分方程的建立

单箱四室箱梁结构具有对称性,因此取一半宽度作为研究对象,其薄板和加劲肋的受力示意图如图 3-3 所示。

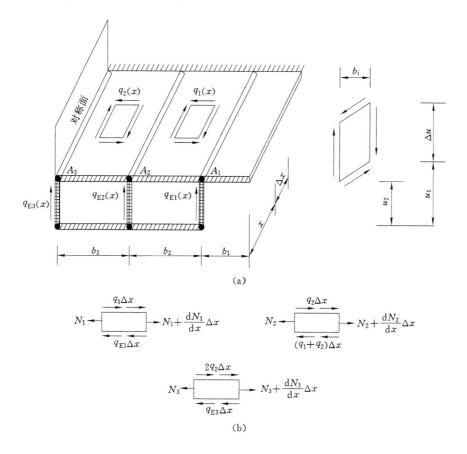

图 3-3 单箱四室箱梁顶板和加劲肋及其受力示意图

顶、底板均有 5 根加劲肋,根据微元体受力状态建立各加劲杆平衡方程式:

$$\begin{cases} \dfrac{\mathrm{d}N_1}{\mathrm{d}x} = q_{E1}(x) - q_1(x) \\[2mm] \dfrac{\mathrm{d}N_2}{\mathrm{d}x} = q_1(x) + q_{E2}(x) - q_2(x) \\[2mm] \dfrac{\mathrm{d}N_3}{\mathrm{d}x} = q_{E3}(x) + 2q_2(x) \end{cases} \tag{3-8}$$

式中 $q_E(x)$ ——外荷载引起腹板的剪力；

$q_1(x), q_2(x)$ ——1 号和 2 号加劲杆与 2 号和 3 号加劲杆间等效薄板未知剪力流。

设箱梁任意截面处的垂直剪力为 Q，剪力流由腹板承担，则按杠杆原理对该剪力流进行分配：

$$\begin{cases} q_{E1}(x) = \zeta_1 \dfrac{Q(x)H}{5H} = \dfrac{\zeta_1 Q(x)}{5} \\[2mm] q_{E2}(x) = \zeta_2 \dfrac{Q(x)H}{5H} = \dfrac{\zeta_2 Q(x)}{5} \\[2mm] q_{E3}(x) = \zeta_3 \dfrac{Q(x)H}{5H} = \dfrac{\zeta_3 Q(x)}{5} \end{cases} \tag{3-9}$$

式中 $\zeta_1, \zeta_2, \zeta_3$ ——外、内、中腹板的剪力系数，并存在如下等式：

$$2(\zeta_1 + \zeta_2) + \zeta_3 = 1 \tag{3-10}$$

如图 3-2 所示，以 1 号和 2 号加劲杆为例，微元体的剪切角变化率为：

$$\frac{\mathrm{d}\gamma}{\mathrm{d}x} = \frac{1}{b_2}\left(\frac{\partial u_1}{\partial x} - \frac{\partial u_2}{\partial x}\right) = \frac{1}{b_2}(\varepsilon_1 - \varepsilon_2)$$

或

$$\frac{\mathrm{d}\gamma}{\mathrm{d}x} = \frac{1}{b_2 E}(\sigma_1 - \sigma_2) = \frac{1}{b_2 E}\left(\frac{N_1}{A_1} - \frac{N_2}{A_2}\right) \tag{3-11}$$

将 $q = \gamma t_{\mathrm{ef}(\pm)} G$ 代入式(3-11)得到：

$$\frac{\mathrm{d}q_1(x)}{\mathrm{d}x} = \frac{G t_{\mathrm{ef}(\pm)}}{b_2 E}\left(\frac{N_1}{A_1} - \frac{N_2}{A_2}\right) \tag{3-12}$$

进而得出：

$$\frac{\mathrm{d}q_i(x)}{\mathrm{d}x} = \frac{G t_{\mathrm{ef}(\pm)}}{b_{i+1} E}\left(\frac{N_i}{A_i} - \frac{N_{i+1}}{A_{i+1}}\right) \tag{3-13}$$

故对于 2 号和 3 号加劲杆有：

$$\frac{\mathrm{d}q_2(x)}{\mathrm{d}x} = \frac{G t_{\mathrm{ef}(\pm)}}{b_3 E}\left(\frac{N_2}{A_2} - \frac{N_3}{A_3}\right) \tag{3-14}$$

由式(3-12)和式(3-14)可得到控制微分方程：

$$
\begin{cases}
\dfrac{d^2 q_1(x)}{d_2 x} - \dfrac{Gt_{ef(上)}}{b_2 E}\left(\dfrac{dN_1}{A_1 dx} - \dfrac{dN_2}{A_2 dx}\right) = 0 \\[3mm]
\dfrac{d^2 q_2(x)}{d_2 x} - \dfrac{Gt_{ef(上)}}{b_3 E}\left(\dfrac{dN_2}{A_2 dx} - \dfrac{dN_3}{A_3 dx}\right) = 0
\end{cases}
\tag{3-15}
$$

将式(3-8)代入式(3-15)可得：

$$
\begin{cases}
\dfrac{d^2 q_1(x)}{d_2 x} - \dfrac{Gt_{ef(上)}}{b_2 E}\left[\left(-\dfrac{1}{A_1} - \dfrac{1}{A_2}\right)q_1(x) + \dfrac{1}{A_2}q_2(x)\right] = \\[3mm]
\qquad \dfrac{Gt_{ef(上)}}{b_2 E}\left[\dfrac{1}{A_1}q_{E1}(x) - \dfrac{1}{A_2}q_{E2}(x)\right] \\[3mm]
\dfrac{d^2 q_2(x)}{d_2 x} - \dfrac{Gt_{ef(上)}}{b_3 E}\left[\dfrac{1}{A_2}q_2(x) + \left(-\dfrac{1}{A_2} - \dfrac{2}{A_3}\right)q_2(x)\right] = \\[3mm]
\qquad \dfrac{Gt_{ef(上)}}{b_3 E}\left[\dfrac{1}{A_2}q_{E2}(x) - \dfrac{1}{A_3}q_{E3}(x)\right]
\end{cases}
\tag{3-16}
$$

将式(3-9)代入式(3-15)并化简得：

$$
\begin{cases}
\dfrac{d^2 q_1(x)}{dx^2} + (c_{11} + c_{12})q_1(x) - c_{12}q_2(x) = (c_{11}\zeta_1 - c_{12}\zeta_2)\dfrac{Q(x)}{5} \\[3mm]
\dfrac{d^2 q_2(x)}{dx^2} + (c_{22} + c_{23})q_2(x) - c_{22}q_1(x) = \left(c_{22}\zeta_2 - \dfrac{c_{23}\zeta_3}{2}\right)\dfrac{Q(x)}{5}
\end{cases}
\tag{3-17}
$$

式中，

$$
\begin{cases}
\zeta_i = \dfrac{Gt_{ef(上)}}{b_{i+1} E} \\[3mm]
c_{ij} = \dfrac{\zeta_i}{A_j} \qquad (i, j = 1, 2) \\[3mm]
c_{23} = \dfrac{2\varphi_2}{A_3}
\end{cases}
$$

3.2.2 微分方程的求解

对微分方程求解时采用算子法，式(2-17)的矩阵形式如下：

$$
\begin{bmatrix}
D^2 + c_{11} + c_{12} & -c_{12} \\
-c_{22} & D^2 + c_{22} + c_{23}
\end{bmatrix}
\begin{bmatrix}
q_1(x) \\
q_2(x)
\end{bmatrix}
=
\begin{bmatrix}
c_{11}\zeta_1 - c_{12}\zeta_2 \\
c_{22}\zeta_2 - \dfrac{c_{23}\zeta_3}{2}
\end{bmatrix}
\dfrac{Q(x)}{5}
\tag{3-18}
$$

由克拉默准则可得：

$$
\begin{cases}
q_1(x) = \dfrac{\begin{vmatrix} c_{11}\zeta_1 - c_{12}\zeta_2 & -c_{12} \\[2mm] c_{22}\zeta_2 - \dfrac{c_{23}\zeta_3}{2} & D^2 + c_{22} + c_{23} \end{vmatrix} \dfrac{Q(x)}{5}}{\begin{vmatrix} D^2 + c_{11} + c_{12} & -c_{12} \\[2mm] -c_{22} & D^2 + c_{22} + c_{23} \end{vmatrix}} \\[14mm]
q_2(x) = \dfrac{\begin{vmatrix} D^2 + c_{11} + c_{12} & c_{11}\zeta_1 - c_{12}\zeta_2 \\[2mm] -c_{22} & c_{22}\zeta_2 - \dfrac{c_{23}\zeta_3}{2} \end{vmatrix} \dfrac{Q(x)}{5}}{\begin{vmatrix} D^2 + c_{11} + c_{12} & -c_{12} \\[2mm] -c_{22} & D^2 + c_{22} + c_{23} \end{vmatrix}}
\end{cases}
\tag{3-19}
$$

施加分布荷载和集中荷载时,腹板的剪力函数为:

$$
D_2 Q(x) = 0 \tag{3-20}
$$

将式(3-20)代入式(3-19)得到未知剪力流:

$$
\begin{cases}
q_1(x) = \dfrac{\left[c_{11}(c_{22}+c_{23})\zeta_1 - c_{12}c_{23}\left(\zeta_2 + \dfrac{\zeta_3}{2}\right) \right]\dfrac{Q(x)}{5}}{(D^2 + c_{11} + c_{12})(D^2 + c_{22} + c_{23}) - c_{12}c_{22}} \\[8mm]
q_2(x) = \dfrac{\left[c_{11}c_{22}(\zeta_1 + \zeta_2) - c_{23}(c_{11}+c_{12})\dfrac{\zeta_3}{2} \right]\dfrac{Q(x)}{5}}{(D^2 + c_{11} + c_{12})(D^2 + c_{22} + c_{23}) - c_{12}c_{22}}
\end{cases}
\tag{3-21}
$$

令:

$$
\begin{cases}
A = c_{11} + c_{12} + c_{23} \\[2mm]
B = c_{11}c_{22} + c_{11}c_{23} + c_{12}c_{23} \\[2mm]
C_1 = \dfrac{1}{5}\left[c_{11}(c_{22}+c_{23})\zeta_1 - c_{12}c_{23}\left(\zeta_2 + \dfrac{\zeta_3}{2}\right) \right] \\[4mm]
C_2 = \dfrac{1}{5}\left[c_{11}c_{22}(\zeta_1 + \zeta_2) - c_{23}(c_{11}+c_{12})\dfrac{\zeta_3}{2} \right]
\end{cases}
$$

则式(3-21)可以简化为:

$$
\begin{cases}
D^4 q_1(x) + AD^2 q_1(x) + Bq_1(x) = C_1 Q(x) \\[2mm]
D^4 q_2(x) + AD^2 q_2(x) + Bq_2(x) = C_2 Q(x)
\end{cases}
\tag{3-22}
$$

式(3-22)为关于 $q_1(x)$ 和 $q_2(x)$ 的四阶常系数非齐次方程,令 $\alpha = \sqrt{\dfrac{1}{2}\left(-A + \sqrt{A_2 - 4B}\right)}$,$\beta = \sqrt{\dfrac{1}{2}\left(-A - \sqrt{A_2 - 4B}\right)}$ 则其通解为:

$$
\begin{cases}
q_1(x) = \chi_1 \mathrm{ch}\alpha x + \chi_2 \mathrm{sh}\alpha x + \chi_3 \mathrm{ch}\beta x + \chi_4 \mathrm{sh}\beta x + \dfrac{C_1}{B}Q(x) \\[3mm]
q_2(x) = \zeta_1 \mathrm{ch}\alpha x + \zeta_2 \mathrm{sh}\alpha x + \zeta_3 \mathrm{ch}\beta x + \zeta_4 \mathrm{sh}\beta x + \dfrac{C_2}{B}Q(x)
\end{cases}
\tag{3-23}
$$

常数 χ_1、χ_2、χ_3 和 χ_4 可以由边界条件确定,常数 ζ_1、ζ_2、ζ_3 和 ζ_4 可由 $q_1(x)$ 和 $q_2(x)$ 代入式(3-17)求得。各加劲杆轴力可由 $q_1(x)$ 和 $q_2(x)$ 代入式(3-8) 求得:

$$
\begin{cases}
N_1 = -\dfrac{\chi_1}{\alpha}\mathrm{sh}\alpha x - \dfrac{\chi_2}{\alpha}\mathrm{ch}\alpha x - \dfrac{\chi_3}{\beta}\mathrm{sh}\beta x - \dfrac{\chi_4}{\beta}\mathrm{ch}\beta x + \left(\dfrac{\zeta_1}{5} - \dfrac{C_1}{B}\right)\int Q(x)\,\mathrm{d}x + \overline{C}_1 \\[3mm]
N_2 = \dfrac{\chi_1 - \zeta_1}{\alpha}\mathrm{sh}\alpha x + \dfrac{\chi_2 - \zeta_2}{\alpha}\mathrm{ch}\alpha x + \dfrac{\chi_3 - \zeta_3}{\beta}\mathrm{sh}\beta x + \dfrac{\chi_4 - \zeta_4}{\beta}\mathrm{ch}\beta x + \\[3mm]
\qquad \left(\dfrac{\zeta_2}{5} + \dfrac{C_1 - C_2}{B}\right)\int Q(x)\,\mathrm{d}x + \overline{C}_2 \\[3mm]
N_3 = \dfrac{2\zeta_1}{\alpha}\mathrm{sh}\alpha x + \dfrac{2\zeta_2}{\alpha}\mathrm{ch}\alpha x + \dfrac{2\zeta_3}{\beta}\mathrm{sh}\beta x + \dfrac{2\zeta_4}{\beta}\mathrm{ch}\beta x + \left(\dfrac{\zeta_3}{5} + \dfrac{2C_2}{B}\right)\int Q(x)\,\mathrm{d}x + \overline{C}_3
\end{cases}
\tag{3-24}
$$

式中,$\overline{C}_1$,$\overline{C}_2$,$\overline{C}_3$ 为常数。

$\sigma_4 = \sigma_2$,$\sigma_5 = \sigma_1$,则各加劲杆的应力为:

$$
\sigma_i = \frac{N_i}{A_i} \quad (i = 1,2,3,4,5)
\tag{3-25}
$$

常见的边界条件:

(1)简支边:

$$
\begin{cases}
N_i = 0 \\[2mm]
\dfrac{\mathrm{d}q_i}{\mathrm{d}x} = 0
\end{cases}
\quad (i = 1,2,3,4,5)
$$

(2)固定边:

$$
\frac{\mathrm{d}q_i(L)}{\mathrm{d}x} = 0 \quad (i = 1,2,3,4,5)
$$

(3)自由边:

$$
\begin{cases}
N_i = 0 \\[2mm]
\dfrac{\mathrm{d}q_i}{\mathrm{d}x} = 0
\end{cases}
\quad (i = 1,2,3,4,5)
$$

3.3 静定结构的剪力滞后效应分析

本节主要对静定结构的剪力滞后效应进行分析,着重分析了均布荷载作用下简支梁剪力滞后效应[66]。

3.3.1 简支梁承受均布荷载

剪力由箱梁腹板承受,根据杠杆原理将剪力分配给外腹板、内腹板、中腹板。如图 3-4 所示,当简支梁上作用有均布荷载 q 时,其剪力为:

$$Q(x) = \frac{q}{2}(L - 2x) \tag{3-26}$$

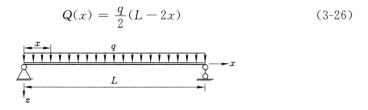

图 3-4　简支梁承受均布荷载 q

根据单箱四室箱梁的对称性,边界条件为:

$$\begin{cases} q_1(L/2) = q_2(L/2) = 0 \\ \dfrac{\mathrm{d}q_1(0)}{\mathrm{d}x} = \dfrac{\mathrm{d}q_2(0)}{\mathrm{d}x} = 0 \\ N_1(0) = N_2(0) = N_3(0) = 0 \end{cases} \tag{3-27}$$

将式(3-23)代入式(3-27)得到微分方程的常系数为:

$$\begin{cases} \chi_1 = -\dfrac{C_1 q\,\mathrm{ch}(\beta L/2)}{B[\alpha\,\mathrm{ch}(\beta L/2) - \beta\,\mathrm{ch}(\alpha L/2)]} \\ \chi_3 = \dfrac{C_2 q\,\mathrm{ch}(\beta L/2)}{B[\alpha\,\mathrm{ch}(\beta L/2) - \beta\,\mathrm{ch}(\alpha L/2)]} \\ \zeta_1 = -\dfrac{C_1 q\,\mathrm{ch}(\alpha L/2)}{B[\alpha\,\mathrm{ch}(\beta L/2) - \beta\,\mathrm{ch}(\alpha L/2)]} \\ \zeta_3 = \dfrac{C_2 q\,\mathrm{ch}(\alpha L/2)}{B[\alpha\,\mathrm{ch}(\beta L/2) - \beta\,\mathrm{ch}(\alpha L/2)]} \\ \chi_3 = \chi_4 = \zeta_2 = \zeta_4 \end{cases} \tag{3-28}$$

则未知剪力流函数为:

$$
\begin{cases}
q_1(x) = -\dfrac{C_1 q\,\text{ch}(\beta L/2)\,\text{ch}\alpha x}{B\left[\alpha\,\text{ch}(\beta L/2) - \beta\,\text{ch}(\alpha L/2)\right]} + \dfrac{C_1 q\,\text{ch}(\alpha L/2)\,\text{ch}\alpha x}{B\left[\alpha\,\text{ch}(\beta L/2) - \beta\,\text{ch}(\alpha L/2)\right]} + \\[2mm]
\qquad \dfrac{C_1 q(L - 2x)}{2B} \\[4mm]
q_2(x) = -\dfrac{C_2 q\,\text{ch}(\beta L/2)\,\text{ch}\alpha x}{B\left[\alpha\,\text{ch}(\beta L/2) - \beta\,\text{ch}(\alpha L/2)\right]} + \dfrac{C_1 q\,\text{ch}(\alpha L/2)\,\text{ch}\beta x}{B\left[\alpha\,\text{ch}(\beta L/2) - \beta\,\text{ch}(\alpha L/2)\right]} + \\[2mm]
\qquad \dfrac{C_2 q(L - 2x)}{2B}
\end{cases}
$$

$$(3\text{-}29)$$

将式(3-29)代入式(3-24)中,结合相应边界条件 $N_1(0) = N_2(0) = N_3(0) = 0$,式(3-24)中常数均为 0,将式(3-24)代入式(3-25)中,各加劲杆应力为:

$$
\begin{cases}
\sigma_1(x) = \dfrac{1}{A_1}\left\{\dfrac{C_1 q\,\text{ch}(\beta L/2)\,\text{sh}\alpha x}{B\alpha\left[\alpha\,\text{ch}(\beta L/2) - \beta\,\text{ch}(\alpha L/2)\right]} - \dfrac{C_1 q\,\text{ch}(\alpha L/2)\,\text{sh}\alpha x}{B\beta\left[\alpha\,\text{ch}(\beta L/2) - \beta\,\text{ch}(\alpha L/2)\right]} + \right. \\[3mm]
\qquad \left. \dfrac{q(B\zeta_1 - 5C_1)(Lx - x^2)}{10B}\right\} \\[4mm]
\sigma_2(x) = \dfrac{1}{A_2}\left\{\dfrac{(C_2 - C_1)q\,\text{ch}(\beta L/2)\,\text{sh}\alpha x}{B\alpha\left[\alpha\,\text{ch}(\beta L/2) - \beta\,\text{ch}(\alpha L/2)\right]} - \dfrac{(C_2 - C_1)q\,\text{ch}(\alpha L/2)\,\text{ch}\alpha x}{B\beta\left[\alpha\,\text{ch}(\beta L/2) - \beta\,\text{ch}(\alpha L/2)\right]} + \right. \\[3mm]
\qquad \left. \dfrac{q(B\zeta_2 - 5C_1 - 5C_2)(Lx - x^2)}{10B}\right\} \\[4mm]
\sigma_3(x) = \dfrac{1}{A_3}\left\{\dfrac{2C_2 q\,\text{ch}(\beta L/2)\,\text{ch}\alpha x}{B\alpha\left[\alpha\,\text{ch}(\beta L/2) - \beta\,\text{ch}(\alpha L/2)\right]} - \dfrac{2C_2 q\,\text{ch}(\alpha L/2)\,\text{ch}\alpha x}{B\beta\left[\alpha\,\text{ch}(\beta L/2) - \beta\,\text{ch}(\alpha L/2)\right]} + \right. \\[3mm]
\qquad \left. \dfrac{q(B\zeta_3 - 10C_2)(Lx - x^2)}{10B}\right\}
\end{cases}
$$

$$(3\text{-}30)$$

其他支撑条件下的求解与之类似,推导过程不再详细叙述,仅给出相应的边界条件和荷载。

3.3.2 简支梁承受集中荷载

如图 3-5 所示,集中荷载作用下的简支梁剪力为:

$$Q(x) = P \qquad (3\text{-}31)$$

其边界条件为:

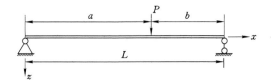

图 3-5　简支梁承受集中荷载 P

$$\begin{cases} q_1(L/2) = q_2(L/2) = 0 \\ \dfrac{\mathrm{d}q_1(0)}{\mathrm{d}x} = \dfrac{\mathrm{d}q_2(0)}{\mathrm{d}x} = 0 \\ N_1(0) = N_2(0) = N_3(0) = 0 \end{cases} \tag{3-32}$$

3.3.3　悬臂梁承受均布荷载

如图 3-6 所示，均布荷载作用下悬臂梁的剪力为：

$$Q(x) = -qx \tag{3-33}$$

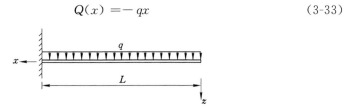

图 3-6　悬臂梁承受均布荷载 q

其边界条件为：

$$\begin{cases} q_1(L) = q_2(L) = 0 \\ \dfrac{\mathrm{d}q_1(0)}{\mathrm{d}x} = \dfrac{\mathrm{d}q_2(0)}{\mathrm{d}x} = 0 \\ N_1(0) = N_2(0) = N_3(0) = 0 \end{cases} \tag{3-34}$$

3.3.4　悬臂梁承受集中荷载

如图 3-7 所示，集中荷载作用下悬臂梁的剪力为：

$$Q(x) = -P \tag{3-35}$$

其边界条件为：

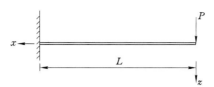

图 3-7 悬臂梁承受集中荷载 P

$$\begin{cases} q_1(L) = q_2(L) = 0 \\ \dfrac{\mathrm{d}q_1(0)}{\mathrm{d}x} = \dfrac{\mathrm{d}q_2(0)}{\mathrm{d}x} = 0 \\ N_1(0) = N_2(0) = N_3(0) = 0 \end{cases} \tag{3-36}$$

3.4 实例分析

某一单箱四室简支钢箱梁,箱梁的截面总宽度 $B=43.3$ m,其余参数如下:悬臂板板宽 $b_1=6.35$ m,内翼缘板(外底板)板宽 $b_2=8$ m,中翼缘板(内底板)板宽 $b_3=7.3$ m。腹板与上、下底板厚度均为 16 mm,梁的截面高度 $H=3$ m。该单箱四室截面简支梁跨径 $L=54$ m,材料为 Q345E 钢,弹性模量 $E=2.06\times10^5$ MPa,泊松比 $\mu=0.3$,其截面尺寸如图 3-8 所示。

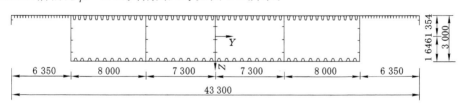

图 3-8 单箱四室钢箱梁截面(单位:mm)

梁内腹板上翼缘分别作用有:

(1) 集中荷载 $F=20$ kN;

(2) 均布荷载 $q=10$ kN/m。

根据上述内容建立空间板壳单元有限元模型,基于比拟杆法对两种荷载条件下的箱梁截面的剪力滞后效应系数进行计算,模型如图 3-9 所示。

其剪力滞后效应系数对比见表 3-2。

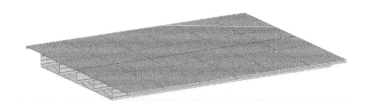

图 3-9　钢箱梁空间板单元有限元模型

表 3-2　跨中截面剪力滞后效应系数对比表

加劲杆位置对应点	均布荷载			集中荷载		
	本章解析值	有限元解	误差	本章解析值	有限元解	误差
A1	2.08	2.18	4.8%	2.07	2.18	5.3%
A2	1.79	1.86	3.9%	2.01	2.15	6.9%
A3	1.82	1.78	−2.1%	2.06	2.01	−2.4%

由表 3-2 可知,在两种荷载作用下,本章解析值与有限单元法所得结果相差不大,吻合程度较高,说明采用比拟杆法对箱梁剪力滞后效应进行分析是可行的。

3.5　本章小结

本章采用比拟杆法研究单箱四室箱梁的剪力滞后效应,对比拟杆法的基本思路进行阐述,推导出微分方程求解公式,并对静定结构的剪力滞后效应进行分析。基于工程实例采用比拟杆法与有限元软件求解简支单箱四室箱梁跨中截面的剪力滞后效应系数,对比其结果可知两种方法误差在 7% 以内,因此采用比拟杆法进行计算具有一定精度。

4 连续钢箱梁剪力滞后效应分析

本章以某高架桥中的两跨连续钢箱梁为工程背景,基于有限元软件 Midas/civil 将鱼腹式连续钢箱梁的整体结构离散为空间板壳模型,重点分析了不同类型荷载作用下鱼腹式钢箱梁的剪力滞后效应;对该鱼腹式连续钢箱梁不同施工状态下箱形梁剪力滞后效应的特点进行总结,得出鱼腹式连续钢箱梁不同的施工阶段时剪力滞后效应沿箱梁纵向的分布规律,以期为类似钢箱梁的设计与施工提供参考。此外,分析了成桥阶段在三种荷载的作用下,鱼腹式连续钢箱梁剪力滞后效应沿箱梁纵向的分布情况,进而得出三种荷载作用下的剪力滞后效应系数沿箱梁纵向的分布规律。

4.1 有限元法基本理论

有限元法[72-73]又被称为结构分析矩阵法,该方法可以分析结构系统。构件通过有限的结点相互连接,而有限元法是把区域离散成较小的单元,这样就可以使之符合各种类型的边界形状。而且在使用有限元法求解的过程中可以根据应力分布的情况来修改单元的划分,这样可以设置不同类型的荷载。结构矩阵法以结点内力和结点位移两个变量构成的混合变量作为未知数,通过它们之间的相互关系推导出一系列相关方程,从而得到相关问题的解。矩阵分析法分为三种方法——位移法、力法和混合法,其中使用最多的是位移法。对于有结构力学知识储备的人来说,离散结果列出方程是他们熟悉的,而大型的代数方程组的求解就可以由计算机完成。结构矩阵中构件的结点力和结点位移之间的关系是可以准确推导出来的,而有限元法是通过单元内近似的位移函数推导出二者之间的关系。

有限元法的求解步骤如下:

(1) 结构的离散化

一些数学家将离散化定义为将无限自由度变成有限自由度的过程。这个离散化的过程为：将研究的对象分离为有限量的单元体，并且在单元上选择定量的点作为节点，相邻的单元利用这些节点相互连接。有限元法的计算过程针对单元集合体。单元节点的设置、性质和数量应根据问题的种类和计算的进度决定。因此，有限元法中的分析所利用的结构不是原来的物体，而是很多同种材料由单元根据相关方式连接形成的离散物体。但是这样做会导致计算结果只能是近似的。如果单元数目划分比较详细且恰到好处的话，那么所求得的结果会与实际情况相符合。单元的划分需要根据分析研究对象的实际结构和所承受的荷载来决定。

（2）选择单元位移模式

完成结构离散化之后对特殊单元进行特性分析。此时，为了使位移、应变和应力用结点位移来表示，往往需要对单元中的结点位移的分布情况进行假设，假设其为一个比较简单的函数，它就是位移函数。作为有限元法分析中非常重要的步骤，学者经常会利用这个位移函数，因为其多项式运算比较方便。通俗来讲，多项式的项数与单元的自由度相等。根据选定的位移模式可以推导出结点位移，最后列出单元内任意点的位移关系式。

（3）分析单元力学性能

在完成上述步骤之后，就可以开展单元力学性能研究。该过程分为三个部分：① 建立几何方程，根据结点位移推导出单元应变；② 建立物理方程，根据应变推导出单元应力；③ 根据虚功原理建立结点力和结点位移之间的关系式，即单元刚度方程。其中单元刚度方程是核心内容。

（4）计算等效节点力

离散化之后，假设力从一个单元传递到另外一个单元，但是实际上力是从单元的公共边传递到另外一个单元的，所以单元边界上的所有作用力需根据静力等效原则全部移到节点上去。这个方法需根据一个原则来进行，即单元上的力与等效结点力在所有的虚位移上做的虚功相等。

（5）建立整体结构的平衡方程

这个方程也被用于结构的整体分析，即将所有的矩阵合成一个整体刚度矩阵，将作用于各单元的等效节点力集合成整体结构的节点载荷向量。通常将形成整体刚度矩阵的方法称为直接刚度法。

（6）求解未知节点位移

在上面的整体刚度矩阵中,并没有将结构的平衡条件考虑进去,所以得到的整体刚度矩阵是一个奇异矩阵,并不能直接求解。因此只能在设置边界条件之后对所建立的平衡方程进行修改,才可以选择恰当的方法求解节点位移,进而求解单元应变和应力。

根据上面的叙述可以了解到,有限元法的分析过程就是先进行单元分析,然后对整体结构进行全面分析。

从 20 世纪 70 年代开始,有限元法迅速发展,但是求解单元刚度矩阵以及合成总刚度矩阵的过程比较烦琐,所以对应的有限元软件也随之被开发出来。近几十年来已经开发了很多有限元程序,例如美国开发的 Abaqus 和 Ansys。本书所采用的 Midas/civil 是一款通用的有限元软件,并且是一款全集成有限元软件,其分析模块是利用统一的前后处理用户界面,易学习且便于使用,图形的界面可实现所有的建模和后处理。这款软件适用于桥梁结构、地下结构以及工业建筑、机场、大坝、港口等结构的分析与设计。

4.2 数值模拟分析

4.2.1 计算参数的选取

运用有限元软件 Midas/civil,建立鱼腹式连续钢箱梁板壳模型进行计算分析。材料及参数:Q345E 钢,重度 $\gamma = 76.98 \text{ kN/m}^3$,弹性模量 $E = 2.06 \times 10^5$ MPa,泊松比 $\mu = 0.3$。

4.2.2 边界条件的施加

支座为横向双支座,因此连续梁模型的边界条件设置为:对其中一个端支座施加 x,y,z 方向平移约束,其余 5 个支座施加 y,z 方向的平移约束。

4.2.3 有限元模型的建立

运用有限元软件 Midas/civil 建立鱼腹式连续钢箱梁板壳模型。该模型由四节点或三节点的板单元连接而成,模型横截面板单元划分如图 4-1 所示。钢箱梁各结构均按实际情况赋予其截面,以反映结构的真实受力情况。空间板壳模型见图 4-2。该模型共划分为 105 765 个节点,126 549 个单元,模型的坐标系原点在桥面端部。

图 4-1　钢箱梁横截面板单元划分示意图

图 4-2　空间板壳模型

4.3　鱼腹式连续钢箱梁剪力滞后效应分析

不同类型荷载作用下的鱼腹式连续钢箱梁的剪力滞后效应有所不同,因此分析时主要考虑 3 种荷载——对称均布荷载、集中荷载和偏心荷载。

为总结得出均布荷载、集中荷载、偏心荷载这 3 种荷载作用下的剪力滞后效应系数分布规律,且为了使分布规律更具说服力,分别选取 $0^{\#}$—$1^{\#}$ 跨和 $1^{\#}$—$2^{\#}$ 跨这两跨跨中的 $L/8$、$L/4$、$L/2$ 截面作为这 3 种荷载作用下的分析控制截面。着重研究了这两跨跨中所选取的 3 个分析截面沿箱梁截面宽度方向的剪力滞后效应和其剪力滞后效应系数的变化,进而总结出剪力滞后效应系数沿箱梁截面宽度方向的变化规律。

本章根据有限元软件 Midas/civil 的计算结果,得到各分析截面中沿箱梁宽度方向各点的实际纵向法向应力,以所选截面的左端点为参考点 1,计算顶板横向关键节点的剪力滞后效应系数,之后绘制剪力滞后效应系数分布折线图,从而可以看出所选取的 3 个分析截面顶板剪力滞后效应系数的分布规律。为了使论述更加方便,将横断面上缘关键部位的点分别用数字标识,如图 4-3 所示。

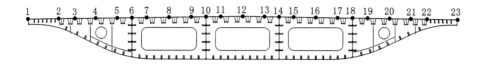

图 4-3 各点横向位置

4.3.1 均布荷载作用下的剪力滞后效应分析

对有限元软件 Midas/civil 计算结果进行处理,得到均布荷载作用下两跨箱梁各分析截面顶板剪力滞后效应系数的分布规律,如图 4-4 和图 4-5 所示。

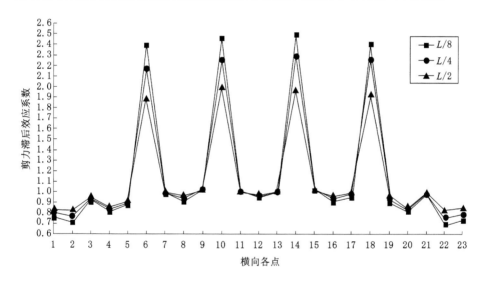

图 4-4 0#—1#跨各分析截面顶板剪力滞后效应系数分布图

从图 4-4 和图 4-5 可以看出,由于受均布荷载的影响,剪力滞后效应明显,有正、负剪力滞后效应交替出现的现象,并且剪力滞后效应系数的最大值和最小值差值过大。剪力滞后效应系数沿梁宽方向不均匀,所选取的分析截面上关键点位置处的剪力滞后效应有所不同。在所选取的 3 个截面中,$L/8$ 截面顶板的剪力滞后效应尤为严重,剪力滞后效应系数的最大值和最小值均出现在这个截面上。整体来看,负剪力滞后效应均出现在箱梁的端部附近,而正剪力滞后效应较明显的位置为腹板与顶板的交界处。在所选取的 3 个分析截面中,顶板

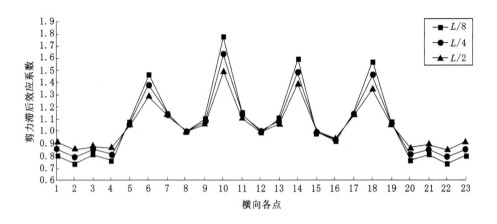

图 4-5 $1^{\#}$—$2^{\#}$ 跨各分析截面顶板剪力滞后效应系数分布图

剪力滞后效应系数的最大值分别为 2.5、2.29、1.97($0^{\#}$—$1^{\#}$ 跨)和 1.79、1.64、1.49($1^{\#}$—$2^{\#}$ 跨)。从这两组数据可以看出,随着所选取的截面逐渐远离箱梁的端部向箱梁跨中靠近的过程中,剪力滞后效应系数的最大值有一定幅度减小,进而剪力滞后效应有所改善。同时,在向箱梁跨中靠近的过程中,剪力滞后效应系数的最小值也开始逐渐增大,并且数值趋近于 1,但是仍有剪力滞后效应发生。

4.3.2 集中荷载作用下的剪力滞后效应分析

对有限元软件 Midas/civil 计算结果进行处理,得到集中荷载作用下两跨箱梁各分析截面顶板剪力滞后效应系数的分布规律,如图 4-6 和图 4-7 所示。

从图 4-6 和图 4-7 可以看到,由于受集中荷载的影响,箱梁截面上的剪力滞后效应明显,在所选取的 3 个分析截面中,在箱梁截面宽度方向上的 10 号位置和 14 号位置,即腹板与顶板的交界处出现了剪力滞后效应系数的最大值。在所选取的 3 个分析截面中,剪力滞后效应系数最大值分别为 1.11、1.09、1.22($0^{\#}$—$1^{\#}$ 跨)和 1.23、1.15、1.27($1^{\#}$—$2^{\#}$ 跨)。由于集中荷载设置在箱梁的跨中位置,因此跨中截面的剪力滞后效应相对于另外两个分析截面略明显。从整体的剪力滞后效应系数分布来看,箱梁截面宽度方向上的大部分位置均出现正剪力滞后效应,仅在 1 号位置到 5 号位置和 23 号位置到 19 号位置这两个区域出现了负剪力滞后效应,而且处于负剪力滞后效应部分的剪力滞后效应系数均

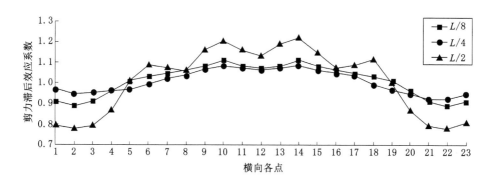

图 4-6 0#—1#跨各分析截面顶板剪力滞后效应系数分布图

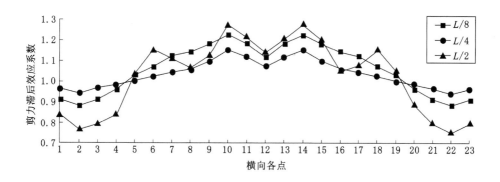

图 4-7 1#—2#跨各分析截面顶板剪力滞后效应系数分布图

与数值 1 较为接近,说明该部分各点的实际应力值与理论值比较接近,但是剪力滞后效应还在发生。

4.3.3 偏心荷载作用下的剪力滞后效应分析

对有限元软件 Midas/civil 计算结果进行处理,得到偏心荷载作用下的两跨箱梁各分析截面顶板剪力滞后效应系数的分布规律,如图 4-8 和图 4-9 所示。

从图 4-8 和图 4-9 可以看出,由于受偏心荷载作用位置的影响,箱梁截面横向受力不均匀,所以箱梁横向上的 1 号位置到 5 号位置的这一段区域内剪力滞后效应系数的变化幅度不大,所选取的 3 个截面中每个位置的剪力滞后效应系数都很接近,最大值为 1.11,最小值为 0.82。在 5 号位置到 7 号位置和 9 号位置到 11 号位置这两个区域内的剪力滞后效应系数变化最为剧烈,这两个区域是偏心荷载作用的位置,导致这两个区域的应力过于集中,其中在 6 号位置和

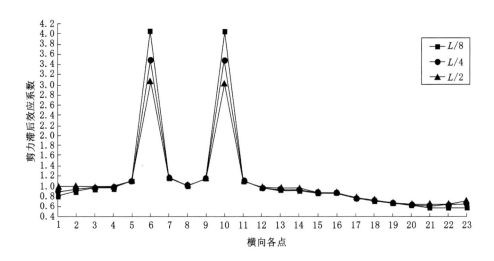

图 4-8 0#—1#跨各分析截面顶板剪力滞后效应系数分布图

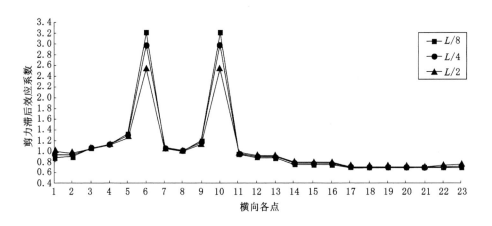

图 4-9 1#—2#跨各分析截面顶板剪力滞后效应系数分布图

10 号位置出现了剪力滞后效应系数最大值。在两跨所选取的 3 个截面中剪力
滞后效应系数峰值达到了 4.06,说明在偏心荷载作用下 6 号位置和 10 号位置
应力过于集中,容易出现裂缝,实际工程中应采取相应措施来降低剪力滞后效
应系数。11 号位置到 23 号位置区域内的剪力滞后效应系数趋于平缓,没有太
大的变化,但是均出现负剪力滞后效应。

4.4 鱼腹式连续钢箱梁施工阶段纵向剪力滞后效应分析

结合某高架桥钢箱梁的实际情况,钢箱梁整体拼装、涂装在制造厂完成,由于考虑吊装条件、运输条件、拼装方便等,按照设计图纸将每跨的钢箱梁纵向分为3段出厂,每段纵向长度为15 m。

钢箱梁整梁纵向长45 m。根据现场实际情况,此桥梁安装需横跨两条公路,全封闭安装会影响正常交通顺畅,而地面拼3段吊装需要公路封闭,不现实,所以设立临时支架分段单体吊装来完成此桥梁的安装。

具体施工方案:根据实际情况,桥面标高为7 m左右,宽度为23.5 m。单梁质量约为101 t。结合280 t履带式起重机的起重能力,杆长42 m、半径10 m,起重量为117.9 t,完全满足吊装能力,故拟定分段顺向先主后次单体安装。0#—1#桥墩共计3段,1#—2#桥墩共计3段,合计6段。分段安装主箱梁接口处设置固定框架的临时支架,次箱梁接口处设置固定框架的临时支架,横向所有的临时支架互相连接固定,每个支架柱上放置1台50 t液压千斤顶以便箱梁的找正对接与焊接。

临时支架采用的是由固定端、钢支撑、活络端和水平支撑组成的路桥专用钢支撑,固定端与地面锚栓固定连接,钢支撑由6 m及2 m标准段组成,标准段间用法兰螺栓连接,活络端可自由伸缩以调整高度,最大调整高度为1.45 m。

临时支架纵向布置图如图4-10所示,各支座及临时支架平面布置图如图4-11所示。

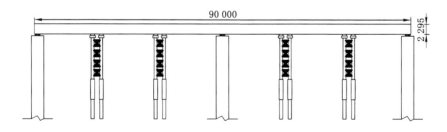

图 4-10   临时支架纵向布置图(单位:mm)

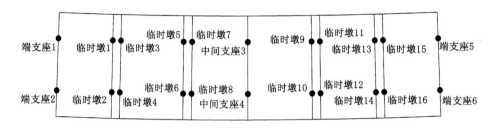

图 4-11　各支座及临时支架平面布置图

4.4.1　鱼腹式连续钢箱梁施工阶段划分

鱼腹式连续钢箱梁施工工况的确定因素包括以下几个方面：

（1）钢箱梁制造应制定适合本桥的厂内制作和检验标准，研究优化焊接工艺和组装工艺技术要求，细化工艺流程，并严格执行。

（2）钢箱梁的主要受力方向是纵向，顶板的轧制方向为纵向。

（3）钢箱梁采用全焊接的方式连接起来，结构之间缝隙比较多，使得焊接变形和残余应力过大，因此，在确保焊缝质量的前提下，在制作的过程中需采用焊缝变形小和收缩小的工艺，尽量采用 CO_2 气体保护焊。

（4）钢箱梁拼装需在顶、底板之间的温度差小于 2 ℃的温度条件下进行。钢箱梁施工过程中应采取适当措施，避免温差过大带来的影响。

（5）应该精确测量箱梁整体的长度，钢箱梁总长度的累计误差应该小于 6 mm。

（6）设计临时支架时需要保证其强度和刚度满足要求，且消除非弹性变形。

（7）确保上部结构架设期间的安全性，应结合施工方案对临时吊点等进行专项设计，并对钢箱梁进行必要的加强。

综合以上诸多因素，并根据工程的实际情况，将该鱼腹式连续钢箱梁离散为板壳模型，采用四节点和三节点板单元进行划分。各结构之间全部根据实际截面采用板单元模拟。全桥板单元共计 119 948 个，节点共计 105 765 个。

表 4-1 列出了有限元软件 Midas/civil 中的 9 种施工工况。

在该钢箱梁施工过程中，由于临时支架等间距设置，主梁的结构体系为等间距支撑的等截面连续梁，所以在钢箱梁施工过程中所承受的外荷载为箱梁的自重。

表 4-1　有限元软件 Midas/civil 中施工工况划分

施工阶段	单元	边界	荷载
施工 1# 块	激活 1# 块	激活端支座 1—2 激活临时墩 1—2	自重
施工 2# 块	激活 2# 块	激活临时墩 3—6	自重
施工 3# 块	激活 3# 块	激活临时墩 7—8 激活中间支座 3—4	自重
左跨拼接	激活拼接块	钝化临时墩 1—8	自重
施工 4# 块	激活 4# 块	激活临时墩 9—10	自重
施工 5# 块	激活 5# 块	激活临时墩 11—14	自重
施工 6# 块	激活 6# 块	激活临时墩 15—16 激活端支座 5—6	自重
右跨拼接	激活拼接块	钝化临时墩 9—16	自重
二期			防撞墙 桥面铺装 混凝土压重

　　钢箱梁的施工过程是一个动态的过程,不同工况、不同梁段的箱形梁截面中的应力是不同的。为了解鱼腹式连续钢箱梁在单体吊装和钢箱梁拼接施工阶段中剪力滞后效应沿箱梁纵向的分布情况,由于工程实例中钢箱梁的截面是对称的,故取钢箱梁横截面上缘的 3 个关键节点沿箱梁纵向各参考节点的剪力滞后效应系数的计算结果,进而分析得出剪力滞后效应系数沿箱梁纵向的分布规律。为了使叙述更加方便,分别用大写的英文字母标记钢箱梁横截面上的关键节点,各关键节点的横向位置如图 4-12 所示。图 4-12 中的 3 个关键节点的位置分别为外腹板和内腹板交界点。通过第 3 章的研究分析发现,关键节点处的剪力滞后效应表现最为显著,其中侧板与顶板交界处的负剪力滞后效应比较显著,而内腹板与顶板交界处则正剪力滞后效应显著。因此,研究这 3 个关键节点在单梁块和钢箱梁拼接施工阶段中剪力滞后效应系数沿箱梁纵向分布规律更具说服力。

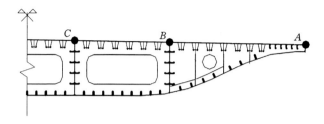

图 4-12　横截面关键节点示意图

4.4.2　单体吊装施工阶段纵向剪力滞后效应有限元分析

由于本书中的鱼腹式连续钢箱梁是对称结构,两跨的跨径相同,并且施工方法一致,所以仅以其中的一跨鱼腹式钢箱梁为研究对象,研究该钢箱梁不同施工阶段的纵向剪力滞后效应。

为了使鱼腹式钢箱梁不同施工阶段的剪力滞后效应系数沿箱梁纵向分布规律更加直观,在剪力滞后效应系数纵向分布图中显示每个关键节点沿箱梁纵向的各参考节点所对应的剪力滞后效应系数。由于该钢箱梁模型在网格划分时顶板纵向最小间距设置为 1 m,所以在提取数据时,模型顶板纵向每个参考节点的间距为 1 m,这样可以使剪力滞后效应系数纵向分布图显示更加详细。

在鱼腹式连续钢箱梁空间板壳模型中,钢箱梁单体吊装施工阶段划分为施工 1# 块、施工 2# 块、施工 3# 块,通过有限元软件 Midas/civil 的激活和钝化功能来模拟支座和临时支架。

为研究钢箱梁单梁块施工时剪力滞后效应沿箱梁纵向的分布情况,分别将所选取的横截面上的关键节点沿箱梁纵向各参考节点的剪力滞后效应系数计算出来,分析施工单梁块时剪力滞后效应系数沿箱梁纵向的变化,进而得出钢箱梁吊装施工阶段的剪力滞后效应系数沿箱梁纵向的分布规律。

所选的 3 个关键节点单梁块施工阶段的剪力滞后效应系数沿箱梁纵向的分布规律如图 4-13 所示。

整理得出:单梁块施工阶段 A 点的剪力滞后效应系数沿箱梁纵向的变化范围为 0.11～0.75,B 点的剪力滞后效应系数沿箱梁纵向的变化范围为 0.56～1.08,C 点的剪力滞后效应沿箱梁纵向的变化范围为 1.37～2.3。

从 A 点的剪力滞后效应系数沿箱梁纵向分布情况可以看出,单梁块施工阶

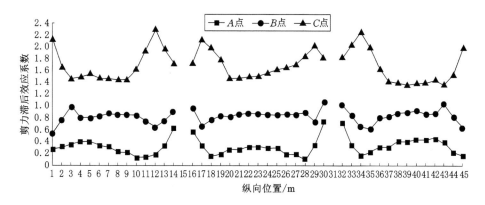

图 4-13　单梁块施工阶段剪力滞后效应系数纵向分布图

段节点 A 所在位置的剪力滞后效应系数沿箱梁纵向都比较低。在施工 1# 梁块时,剪力滞后效应系数沿箱梁纵向的最小值为 0.14;在施工 2# 梁块时,剪力滞后效应系数沿箱梁纵向的最小值为 0.11;在施工 3# 梁块时,剪力滞后效应系数沿箱梁纵向的最小值为 0.17。通过这 3 个数据可以看出,剪力滞后效应沿箱梁纵向尤为显著。单梁块施工阶段剪力滞后效应系数仅在箱梁端部支撑处略大一些,但是负剪力滞后效应仍特别显著。

　　B 点的剪力滞后效应系数沿箱梁纵向的分布规律与 A 点大致相同,但是 B 点的负剪力滞后效应相比于 A 点略有提升。由图 4-13 可以看出,B 点沿箱梁纵向上的各参考节点的剪力滞系数均高于 A 点。1# 梁块施工时,剪力滞后效应系数沿箱梁纵向的最小值为 0.56;施工 2# 梁块时,剪力滞后效应系数沿箱梁纵向的最小值为 0.7;施工 3# 梁块时,剪力滞后效应系数沿箱梁纵向的最小值为 0.63,虽然剪力滞后效应系数略有提高,但是负剪力滞后效应依然明显。同时,从图 4-13 可以看出,每个梁块中间部位的剪力滞后效应系数比较均匀,说明截面应力趋于平稳,变化不大。相对来说,B 点的剪力滞后效应系数沿箱梁纵向大多数位置是趋于平稳的,大多数位置处的剪力滞后效应系数接近 1,并不像 A 点和 C 点的剪力滞后效应系数那样变化幅度比较大。

　　C 点的剪力滞后效应系数沿箱梁纵向变化幅度比较大,梁端部支撑位置处的剪力滞后效应系数与中间位置的剪力滞后效应系数差距明显。从图 4-13 可以看出,C 点沿箱梁纵向正剪力滞后效应表现显著,尤其在端部。施工 1# 梁块时,剪力滞后效应系数沿箱梁纵向的最大值为 2.3;施工 2# 梁块时,剪力滞后效应系数沿箱梁纵向的最大值为 2.13;施工 3# 梁块时,剪力滞后效应系数沿箱纵向的最大值为 2.26,可知剪力滞后效应系数过大。

图 4-13 中相邻单梁块端部的剪力滞后效应系数比较相似,这是因为临时支架反力较小,导致两侧的剪力滞后效应系数比较相似。

综上所述,单体吊装施工阶段剪力滞后效应显著,正、负剪力滞后效应同时存在。A 点沿桥纵向负剪力滞后效应显著,C 点沿桥纵向正剪力滞后效应显著,B 点虽然负剪力滞后效应比较明显,但是各处的剪力滞后效应系数相差不大,并且数值接近 1。与 A 点和 C 点相比,B 点沿箱梁纵向的剪力滞后效应相对弱一些。

4.4.3 钢箱梁拼接施工阶段纵向剪力滞后效应有限元分析

上一节主要研究的是单体吊装施工阶段的纵向剪力滞后效应。单体吊装施工阶段结束之后,下一个施工阶段是钢箱梁的拼接。因此接下来主要研究的是钢箱梁拼接施工阶段的剪力滞后效应沿箱梁纵向的分布情况。

所选的 3 个关键节点钢箱梁拼接施工阶段剪力滞后效应系数沿箱梁纵向的分布如图 4-14 所示。

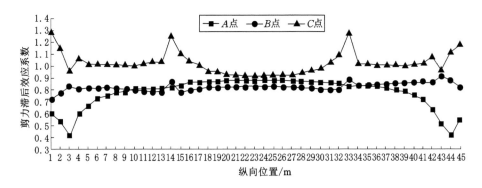

图 4-14　钢箱梁拼接施工阶段剪力滞后效应系数沿箱梁的纵向分布图

整理得出:钢箱梁拼接施工阶段 A 点的剪力滞后效应系数沿箱梁纵向的变化范围为 0.42~0.89,B 点的剪力滞后效应系数沿箱梁纵向的变化范围为 0.72~0.92,C 点的剪力滞后效应系数沿箱梁纵向的变化范围为 0.92~1.29。

从图 4-14 可以看出,钢箱梁拼接之后的剪力滞后效应降低幅度很大,剪力滞后效应系数的峰值仅为 1.29,比单体吊装施工阶段的峰值下降很多。A 点沿箱梁纵向负剪力滞后效应仍然明显,但是整体来看比单梁块施工时的负剪力滞后效应增强了许多。图 4-14 中负剪力滞后效应最为显著的部位依然是端部附近,剪力滞后效应系数最低值出现在 3 号位置和 44 号位置,两处的剪力滞后效应系数都为 0.42。当远离 3 号位置和 44 号位置时,在向跨中靠近的过程中,剪力滞后效应系数逐渐增大,跨中位置附近的剪力滞后效应系数纵向分布比较一致,各点之间的剪力滞后效应系数相差很小。

B 点的剪力滞后效应系数沿箱梁纵向变化幅度不大,依然是在桥纵向显示出负剪力滞后效应。各处的剪力滞后效应系数比施工单梁块时提高许多。B 点与 A 点一样,在端部剪力滞后效应系数过低,3 号位置和 43 号位置处的剪力滞后效应系数都有较小幅度增加。远离这两个位置时,剪力滞后效应系数沿箱梁纵向的走势比较一致,基本持平。在 14 号位置和 33 号位置处剪力滞后效应系数再一次增大,其值分别为 0.87、0.89。最后在离开这两个位置向箱梁跨中靠近的过程中,剪力滞后效应系数沿箱梁纵向变化不大,相邻节点之间的剪力滞后效应系数比较接近。

C 点的剪力滞后效应沿箱梁纵向依然显著,箱梁的端部位置剪力滞后效应系数过高,离开端部之后剪力滞后效应系数开始下降,在 3 号位置和 43 号位置处最低。之后剪力滞后效应系数上升,但是在 4 号位置与 13 号位置和 42 号与 34 号位置中间剪力滞后效应系数变化不大。在 14 号和 33 号位置剪力滞后效应系数再一次达到峰值,两点的剪力滞后效应系数分别为 1.26 和 1.28。在离开这两个位置后到跨中这一段区域内,剪力滞后效应系数一直下降。在向跨中靠近的过程中,剪力滞后效应系数沿纵向比较均匀,各点处的剪力滞后效应系数接近 1,说明在钢箱梁拼接之后,C 点沿纵向上跨中部的实际正应力与初等梁理论值比较接近。

综上所述,钢箱梁拼接之后,剪力滞后效应相对于施工单梁块时大幅降低,但是剪力滞后效应依然存在。钢箱梁端部剪力滞后效应特别显著。而钢箱梁的跨中位置剪力滞后效应系数沿箱梁纵向变化幅度不大,并且剪力滞后效应系数接近 1,剪力滞后效应较端部弱。

4.4.4　二期施工阶段钢箱梁纵向剪力滞后效应有限元分析

二期施工阶段钢箱梁已经整体拼接结束,所承受荷载包括混凝土自重、桥面铺装和防撞墙。其中混凝土压重被视为确保各墩顶支座在正常使用情况下始终处于受压状态,在钢箱梁内实施了压重措施,压重采用灌注 C30 无收缩混凝土。桥面铺装用的材料为高弹改性沥青 SMA10，厚度 35 mm。

为研究二期施工阶段剪力滞后效应沿箱梁纵向的分布情况，取出横截面上缘的 6 个关键节点沿箱梁纵向的剪力滞后效应系数计算结果，因为钢箱梁模型顶板纵向节点较多，为了使结果更直观，在纵向剪力滞后效应系数分布图中显示每个关键节点沿纵桥向部分参考节点对应的剪力滞后效应系数，这样能够使剪力滞后效应系数沿纵向分布简单明了，所选取的每个参考节点之间的距离为 2.5 m。横截面上缘关键节点的横向位置如图 4-15 所示。

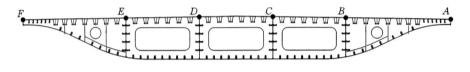

图 4-15　横截面关键节点示意图

二期施工阶段横截面上缘 6 个关键节点剪力滞后效应系数沿箱梁纵向分布如图 4-16 所示。

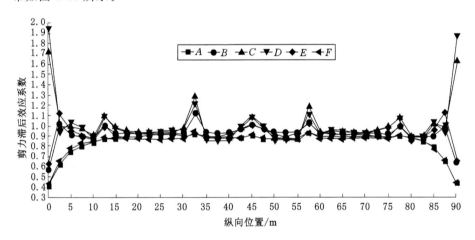

图 4-16　二期施工阶段剪力滞后效应系数纵向分布图

整理得出：A 点的剪力滞后效应系数沿箱梁纵向的变化范围为 0.42～0.93；B 点的剪力滞后效应系数沿箱梁纵向的变化范围为 0.58～1.13；C 点的剪力滞后效应系数沿箱梁纵向的变化范围为 0.86～1.73；D 点的剪力滞后效应系数沿箱梁纵向的变化范围为 0.86～1.95；E 点的剪力滞后效应系数沿箱梁纵向的变化范围为 0.62～1.14；F 点的剪力滞后效应系数沿箱梁纵向的变化范围为0.43～0.93。

从图 4-16 可以看出,剪力滞后效应系数沿箱梁纵向的分布并不均匀。在钢箱梁端部,由于中腹板与顶板交界处的应力值远大于理论值,导致端部出现正、负剪力滞后效应交错分布的现象,其中剪力滞后效应系数最大值为 1.95,最小值为 0.85。而 A、F 两点的剪力滞后效应系数沿箱梁纵向的分布变化幅度并不是很大,剪力滞后效应比较明显的位置位于端部、1/4 跨和中间支座。总体来说,随着远离梁端部剪力滞后效应系数有所下降,在纵向 15～30 m 和 60～75 m 之间剪力滞后效应系数趋于平稳,同一纵向不同位置处剪力滞后效应系数差距不大,剪力滞后效应系数趋于 1,说明这两个位置处的应力值与梁初等理论平截面假定时的应力值较接近,但仍有剪力滞后效应发生。在距离中间支座 12.5 m 处的位置,剪力滞后效应系数又一次达到高点,剪力滞后效应系数最大值为 1.29,正剪力滞后效应比较显著。

4.5　鱼腹式钢箱梁成桥阶段纵向剪力滞后效应分析

根据以上研究发现,在外荷载的作用下,腹板与顶板交界处的剪力滞后效应明显,往往出现剪力滞后效应系数过大或过小的现象。所以选取腹板与顶板交界处的节点,研究节点剪力滞后效应系数沿箱梁纵向的分布规律更具说服力。

为研究成桥阶段不同荷载对鱼腹式连续钢箱梁纵向剪力滞后效应的影响,分析时主要讨论 3 种荷载形式——均布荷载、集中荷载、偏心荷载。

为研究成桥阶段钢箱梁在均布荷载、集中荷载、偏心荷载作用下剪力滞后效应系数沿箱梁纵向的分布规律,取钢箱梁横截面上缘的 6 个关键节点(腹板与顶板交界处的节点)沿桥纵向全长的剪力滞后效应系数计算结果。由于模型顶板纵向节点较多,为了使结果更直观,在纵向剪力滞后效应系数分布图中显示每个关键节点沿纵桥向的部分参考节点对应的剪力滞后效应系数,这样能够使剪力滞后效应系数纵向分布简单明了,所选取的每个参考节点之间的距离为 2.5 m。为了叙述方便,分别用大写的英文字母标记钢箱梁横截面上缘的 6 个关键节点,各点的横向位置如图 4-17 所示。

4.5.1　均布荷载作用下纵向剪力滞后效应分析

通过计算整理得出 6 个关键节点的剪力滞后效应系数沿箱梁纵向的分布

图,如图 4-17 所示。

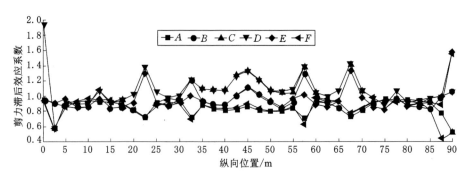

图 4-17　均布荷载作用下剪力滞后效应系数纵向分布图

整理得出:A 点的剪力滞后效应系数沿箱梁纵向的变化范围为 $0.43 \sim 1.05$,B 点的剪力滞后效应系数沿箱梁纵向的变化范围为 $0.65 \sim 2.08$,C 点的剪力滞后效应系数沿箱梁纵向的变化范围为 $0.81 \sim 2.49$,D 点的剪力滞后效应系数沿箱梁纵向的变化范围为 $0.87 \sim 1.83$,E 点的剪力滞后效应系数沿箱梁纵向的变化范围为 $0.72 \sim 2.1$,F 点的剪力滞后效应系数沿箱梁纵向的变化范围为 $0.43 \sim 1.08$。

从图 4-17 可以看出,在均布荷载作用下,剪力滞后效应系数沿箱梁纵向的分布并不均匀,在钢箱梁的端部附近,由于中腹板与顶板交界处(B、C、D、E 点)的应力值远大于梁初等理论值,而外腹板与顶板交界处的应力值却小于理论值,导致钢箱梁端部出现正、负剪力滞后效应交错分布的现象。钢箱梁端部附近 B、C、D、E 这 4 个关键节点的正剪力滞后效应过于严重,其剪力滞后效应系数最大值为 2.49。随着远离梁端部,剪力滞后效应系数有所下降,在跨中 $L/4$ 截面处剪力滞后效应系数有上升现象,但幅度不大。在桥纵向 $15 \sim 30$ m 和 $60 \sim 75$ m 之间剪力滞后效应系数趋于平稳,纵向相邻节点的剪力滞后效应系数差距不大,但是剪力滞后效应依然存在。在距离中间支座 12.5 m 处,剪力滞后效应系数达到另一个峰值,其中节点 B、C、D、E 点沿纵桥向正剪力滞后效应明显,剪力滞后效应系数最大值为 2.08。离开这个位置之后剪力滞后效应系数开始减小,在桥纵向 40 m 处开始上升,在中间支座处再一次达到峰值,剪力滞后效应系数为 1.47。

4.5.2 集中荷载作用下纵向剪力滞后效应分析

通过计算整理得出 6 个关键节点的剪力滞后效应系数沿箱梁纵向的分布图,如图 4-18 所示。

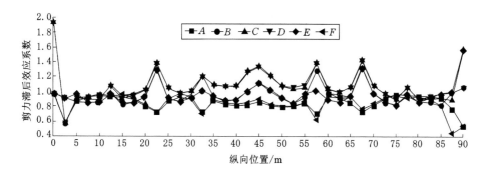

图 4-18 集中荷载作用下剪力滞后效应系数纵向分布图

整理得出:A 点的剪力滞后效应系数沿箱梁纵向的变化范围为 $0.53 \sim 0.98$,B 点的剪力滞后效应系数沿箱梁纵向的变化范围为 $0.82 \sim 1.36$,C 点的剪力滞后效应系数沿箱梁纵向的变化范围为 $0.57 \sim 1.95$,D 点的剪力滞后效应系数沿箱梁纵向的变化范围为 $0.57 \sim 1.95$,E 点的剪力滞后效应系数沿箱梁纵向的变化范围为 $0.82 \sim 1.58$,F 点的剪力滞后效应系数沿箱梁纵向的变化范围为 $0.44 \sim 0.99$。

从图 4-18 可以看出,受集中荷载的影响,钢箱梁端部的剪力滞后效应显著,出现正、负剪力滞后效应交叉分布的现象,剪力滞后效应系数最大值达到了 1.95。而且,剪力滞后效应系数沿箱梁纵向的分布也并不是均匀的,这一点与均布荷载作用下相似。纵向 $5 \sim 20$ m 和 $70 \sim 85$ m 这两个区间内剪力滞后效应系数变化幅度不大,仅 12.5 m 和 77.5 m 这两个位置处的剪力滞后效应系数略大,之后在 22.5 m、32.5 m、45 m、57.5 m、67.5 m 处剪力滞后效应较为显著。由于集中荷载是将集中力设置在跨中位置,导致跨中出现应力集中的现象,在沿箱梁宽度方向传递的过程中应力逐渐减小,箱梁横向端部应力值过小,所以在 B、C、D、E 这 4 个关键节点沿桥纵向正剪力滞后效应较为明显。在箱梁的跨中、$L/4$ 处和支座附近出现剪力滞后效应系数过高的现象。而节点 A、F(外腹板与顶板交界点)沿桥纵向负剪力滞后效应较为明显,最为严重的位置为纵向 22.5 m、32.5 m、57.5 m、67.5 m 等处。

4.5.3 偏心荷载作用下纵向剪力滞后效应分析

通过计算整理得出 6 个关键节点处的剪力滞后效应系数沿箱梁纵向的分布图,如图 4-19 所示。

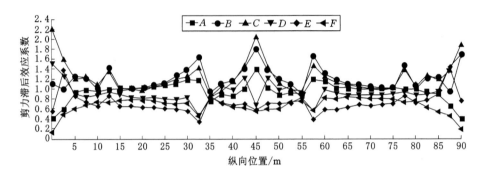

图 4-19 偏心荷载作用下剪力滞后效应系数纵向分布图

整理得出:A 点的剪力滞后效应系数沿箱梁纵向的变化范围为 0.38～1.42,B 点的剪力滞后效应系数沿箱梁纵向的变化范围为 0.91～1.81,C 点的剪力滞后效应系数沿箱梁纵向的变化范围为 0.85～2.21,D 点的剪力滞后效应系数沿箱梁纵向的变化范围为 0.46～1.69,E 点的剪力滞后效应系数沿箱梁纵向的变化范围为 0.33～1.44,F 点的剪力滞后效应系数沿箱梁纵向的变化范围为 0.14～0.82。

从图 4-19 中可以看出,由于受偏心荷载作用的影响,剪力滞后效应系数沿箱梁纵向同样是不均匀的,出现正、负剪力滞后效应交错分布的现象。剪力滞后效应明显的位置仍然是钢箱梁端部,剪力滞后效应系数最大值为 2.21,最小值为 0.14。因为偏心荷载的作用,纵向 12.5 m、32.5 m、45 m(中间支座)、57.5 m、77.5 m 处的正、负剪力滞后效应系数差距过大,剪力滞后效应出现极端化。在两跨的跨中附近,剪力滞后效应系数仅小幅度上升,但剪力滞后效应系数接近 1,剪力滞后效应并不是很明显。剪力滞后效应较为的明显的位置为 $L/4$ 处和支座附近,但是节点 D、E、F 沿纵桥向在这两个位置处出现负剪力滞后效应,而且在 $L/4$ 处负剪力滞后效应较为明显。

根据上面的分析可以看出,剪力滞后效应沿箱梁纵向分布比较明显的位置为桥梁 $L/4$ 处和支座附近。$L/4$ 处是由于该位置处于应力正、负值交界处,即正负弯矩交界处;支座处是由于支座反力的作用,使剪力突变,导致剪力过大。

因为箱形梁弯曲正应力在顶板上的传递是通过腹板的剪切变形实现的,剪力流在由腹板向顶板传递过程中,在与顶板的交界处达到最大,所以使得弯曲法向正应力过大。因此,这两个位置处的剪力滞后效应系数过大,与连续梁桥的弯矩分布情况相符。

4.6 本章小结

本章基于有限元软件 Midas/civil 对鱼腹式连续钢箱梁在 3 种荷载作用下的剪力滞后效应进行了详细的分析和研究,并得出以下结论:

(1) 均布荷载作用下的剪力滞后效应明显,出现了正、负剪力滞后效应交错分布的现象,腹板与顶板交界处的剪力滞后效应尤为显著,在各跨所选取的 3 个截面中,此处剪力滞后效应系数最大值为 2.25,最小值为 1.49,差距明显。从整体的剪力滞后效应系数横向分布来看,剪力滞后效应系数在沿箱梁截面宽度方向上的走势是不一致的,所选取截面上的关键点位置处的剪力滞后效应值不同。根据剪力滞后效应系数分布图可以看出,顶板剪力滞后效应系数最大值分别为 2.5、2.29、1.97(0#—1#跨);1.79、1.64、1.49(1#—2#跨),说明剪力滞后效应系数最大值随着所选取的截面逐渐远离箱梁端部向箱梁跨中靠近的过程中,剪力滞后效应系数的最大值有一定幅度的减小,剪力滞后效应有所改善。

(2) 在集中荷载影响下,箱梁的剪力滞后效应依旧明显,在沿箱梁宽度方向中间腹板与顶板交界处出现了剪力滞后效应系数最大值 1.23,剪力滞后效应在此处尤其显著。由于集中荷载作用在箱梁跨中,所以跨中截面的顶板剪力滞后效应比另外两个截面的顶板剪力滞后效应要显著一些。从整体的剪力滞后效应系数走势来看,沿箱梁截面宽度方向的大部分位置均出现正剪力滞后效应。

(3) 偏心荷载作用下箱梁剪力滞后效应依然明显。剪力滞后效应系数的峰值均出现在 6 号位置和 10 号位置,其中在两跨分别选取的 3 个截面中剪力滞后效应系数最大值达到了 4.06,说明在偏心荷载作用下 6 号位置和 10 位置处的应力过于集中,容易导致裂缝出现,实际工程中应采取相应的措施来减轻剪力滞后效应。

(4) 通过分析鱼腹式连续钢箱梁施工阶段中的纵向剪力滞后效应发现,在施工单梁块时,剪力滞后效应系数最大值为 1.37,最小值为 0.11,剪力滞后效应尤为显著,外腹板与顶板的交界点沿箱梁纵向的负剪力滞后效应最为显著。

当钢箱梁整体拼接之后,纵向剪力滞后效应相对于单梁块施工来说已经明显减轻,剪力滞后效应系数最大值为 1.29,最小值为 0.42。剪力滞后效应比较明显的位置为箱梁端部,剪力滞后效应系数过高或过低。而钢箱梁中间位置,剪力滞后效应系数的变化幅度不大。在二期施工阶段中,剪力滞后效应系数沿纵桥向分布是不一致的。剪力滞后效应十分显著的位置是端部、$L/4$ 处和中间支座,这 3 处的剪力滞后效应系数都较大。

(5) 由于受均布荷载的影响,剪力滞后效应系数沿箱梁纵向的分布并不均匀,在钢箱梁的端部出现正、负剪力滞后效应交错分布的现象,其中剪力滞后效应系数最大值为 2.49,最小值为 0.43。除此之外,剪力滞后效应比较明显的位置还包括 $L/4$ 处和中间支座处。在箱梁纵向 15~30 m 和 60~75 m 这两个区间内剪力滞后效应系数纵向分布趋于平稳,纵向相邻节点之间的剪力滞后效应系数相差不大,但是剪力滞后效应依然存在。

(6) 由于受集中荷载影响,钢箱梁的端部附近剪力滞后效应最为显著,剪力滞后效应系数最大值达到了 1.95。在桥纵向 5~20 m 和 70~85 m 这两个区间内剪力滞后效应系数变化幅度不大,仅在 12.5 m 和 77.5 m 这两个位置出现了剪力滞后效应系数略大的现象。由于集中力设置在跨中,所以产生应力集中,剪力滞后效应系数过大。除此之外,桥纵向 $L/4$ 处和中间支座处的剪力滞后效应同样明显。

5　自锚式悬索桥钢箱梁截面
剪力滞后效应的研究

本章采用有限元软件 Midas/Civil 建立全桥空间板单元模型和平面梁单元模型,并且对该空间板壳单元的钢箱梁截面进行剪力滞后效应分析。同时分析了在控制截面最不利荷载位置上添加两种荷载后该截面的剪力滞后效应。对空间板单元模型顶板处的最大应力与对应位置的平面梁单元应力进行比较。对自锚式悬索桥钢箱梁成桥阶段和施工阶段的纵向剪力滞后效应进行分析。在成桥阶段,着重分析不同荷载作用下的钢箱梁截面纵向剪力滞后效应;在施工阶段,着重分析"体系转换"前、后的钢箱梁截面纵向剪力滞后效应。

5.1　有限元模型的建立

5.1.1　自锚式悬索桥空间有限元模型的建立

采用有限元软件 Midas/Civil 建立某自锚式悬索桥的空间板壳模型,采用板单元建立主桥钢箱梁部分,采用只受拉单元建立吊索部分,其余部分均为梁单元。为反映其实际受力情况,每一块板的厚度为其实际厚度。模型共被划分生成 65 412 个节点,74 699 个单元,其中 154 个只受拉单元,1 408 个梁单元和 73 137 个板单元。空间板壳单元模型如图 5-1 所示。部分板单元模型示意图如图 5-2 所示。

图 5-1　空间板壳单元模型

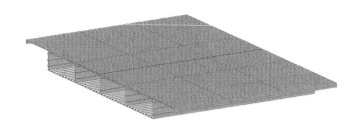

图 5-2　部分板单元模型示意图

5.1.2　边界条件的建立

作为剪力滞后效应分析重点的主桥部分,边界条件的合理模拟尤为重要。桥面与地基的连接采用有限元软件 Midas/Civil 中的一般支撑,根据图纸中支座的位置定位,然后根据一般支撑的添加规则逐个添加,一般支撑如图 5-3 所示。主桥与桥塔牛腿之间的连接采用刚性连接,主桥与吊索之间的连接同样也采用刚性连接。本桥一般支撑共有 12 个,刚性连接共有 220 个。刚性连接如图 5-4 所示。

图 5-3　一般支撑

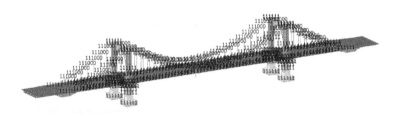

图 5-4　刚性连接

5.2 自锚式悬索桥钢箱梁截面横向剪力滞后效应的研究

由于不同荷载作用下的钢箱梁剪力滞后效应不同,所以主要考虑了 3 种不同类型的荷载,即对称均布荷载、跨中集中荷载和偏心荷载。

在主桥中跨上分别选取 $L/2$ 处、$L/4$ 处和 $L/8$ 处截面作为这 3 种不同类型荷载作用下的控制截面。此外由于主桥是对称结构,选取桥梁一侧的 3 个支座附近截面作为这 3 种不同荷载作用下的控制截面,支座的具体位置如图 5-3 所示。这 3 个截面从桥梁端部开始分别记为边支座附近、中支座附近和桥塔支座附近。本章对选取的 6 个分析截面上的剪力滞后效应进行分析,并且总结了这 6 个分析截面在不同荷载作用下的剪力滞后效应系数的变化,进而总结得出自锚式悬索桥不同位置截面在 3 种不同类型荷载作用下的剪力滞后效应系数变化规律。

为了使对自锚式悬索桥钢箱梁截面横向剪力滞后效应的论述清晰方便,以所选钢箱梁截面的左端点为起始参考点,记为参考点 1,其中参考点 3 和参考点 23 为有索区桥面顶板与吊索的连接位置,参考点 5、9、13、17 和 21 为该截面处顶板与腹板的交界位置点。在选取参考点后,计算该点的剪力滞后效应系数,然后可以根据每一点的位置和其计算数值画出剪力滞后效应系数的折线图。选取参考点的横向位置如图 5-5 所示。

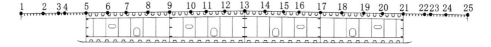

图 5-5 各点横向位置

5.2.1 均布荷载作用下截面剪力滞后效应分析

通过有限元软件 Midas/civil 对自锚式悬索桥各个控制截面处参考点的应力值进行记录并整理,计算其剪力滞后效应系数,得到均布荷载作用下各截面顶板的剪力滞后效应系数分布图,如图 5-6 和图 5-7 所示。

从图 5-6 和图 5-7 可以看出,均布荷载作用下钢箱梁宽度方向上的剪力滞后效应系数分布不均匀,正、负剪力滞后效应系数的交替较为频繁,直观体现为

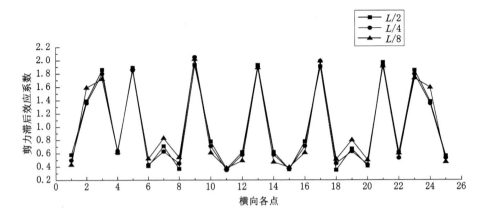

图 5-6　中跨控制截面顶板剪力滞后效应系数分布曲线

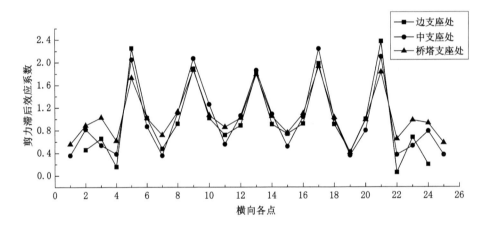

图 5-7　支座附近控制截面顶板剪力滞后效应系数分布曲线

剪力滞后效应系数分布图中各点或高或低。在中跨控制截面中，在 $L/4$ 截面处剪力滞后效应系数出现峰值，此处正剪力滞后效应显著，其剪力滞后效应系数为 2.05，而在钢箱梁 $L/2$ 处剪力滞后效应系数出现最小值。在钢箱梁中跨的 3 个控制截面中，其顶板处的剪力滞后效应系数的峰值分别为 1.97、2.05、2.02。在钢箱梁顶板上，除了腹板与顶板的交界处剪力滞后效应显著外，吊索与顶板交界处剪力滞后效应同样显著。在支座附近的控制截面顶板剪力滞后效应系数分布图中可以看到剪力滞后效应系数的峰值出现在边支座处，此处剪力滞后效应系数为 2.37。由于支座附近控制截面没有吊索与顶板相连，所以从整体来看，腹板与顶板的交界处是支座附近 3 个控制截面中剪力滞后效应最为显著的位置。在钢箱梁支座附近的 3 个控制截面中,顶板处的剪力滞后效应系数的峰值分别为 2.37、2.24 和 1.93。

5.2.2 集中荷载作用下的截面剪力滞后效应分析

通过有限元软件 Midas/civil 对自锚式悬索桥各个控制截面处参考点的应力值进行记录整理,并计算其剪力滞后效应系数,得到集中荷载作用下的各控制截面顶板剪力滞后效应系数的分布图,如图 5-8 和图 5-9 所示。

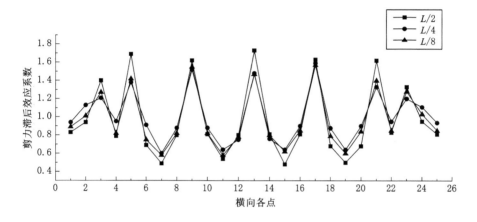

图 5-8 中跨控制截面顶板剪力滞后效应系数分布曲线

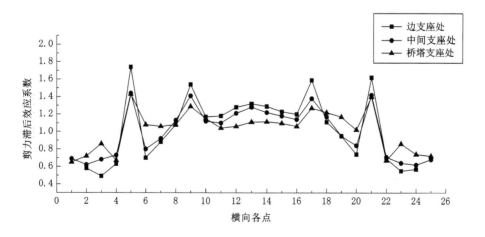

图 5-9 支座附近控制截面顶板剪力滞后效应系数分布曲线

从图 5-8 和图 5-9 可以看出,在集中荷载作用下,在所选取的钢箱梁截面上出现了较为显著的剪力滞后效应,并且剪力滞后效应系数的分布同样不均匀,正、负剪力滞后效应交替频繁。在钢箱梁中跨的 3 个控制截面中,剪力滞后效应系数的峰值出现于腹板与顶板的交界处,即钢箱梁截面沿宽度方向上的 5 号、9 号、13 号、17 号和 21 号位置。除此之外,在钢箱梁顶板与吊索的交界位置处也有着比较显著的剪力滞后效应。在箱梁的每一室的中间位置呈现负剪力滞后效应特点。在钢箱梁中跨的 3 个控制截面中,剪力滞后效应系数的峰值分别为 1.73、1.59 和 1.57。由于支座附近控制截面没有吊索与顶板相连,所以腹板与顶板的交界处是支座处 3 个控制截面中剪力滞后效应显著的位置。支座附近的剪力滞后效应与中跨截面剪力滞后效应相比不同之处是中腹板与顶板的交界处剪力滞后效应相对不明显,并且较为平稳。在钢箱梁支座附近的 3 个分析截面中,剪力滞后效应系数峰值分别为 1.74、1.44 和 1.43。

5.2.3　偏心荷载作用下截面剪力滞后效应分析

通过有限元软件 Midas/civil 对自锚式悬索桥各个控制截面处参考点的应力值进行记录整理,计算其剪力滞后效应系数,得到集中荷载作用下的各截面顶板剪力滞后效应系数分布图,如图 5-10 和图 5-11 所示。

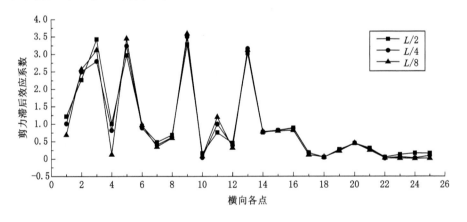

图 5-10　中跨控制截面顶板剪力滞后效应系数分布曲线

从图 5-10 和图 5-11 可以看出,由于受偏心荷载作用的影响,钢箱梁截面横向受力差别较大,导致钢箱梁宽度方向 13 号点(中腹板与顶板交界处)之后的剪力滞后效应系数急剧下降,之后趋于缓和。剪力滞后效应比较显著的位置同

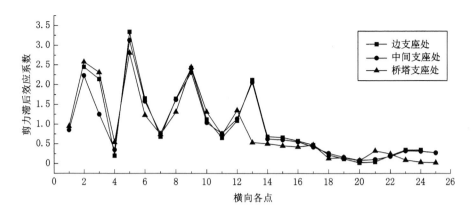

图 5-11　支座附近控制截面顶板剪力滞后效应系数分布曲线

样为吊索与顶板交界处和腹板与顶板的交界处。由于受到偏心荷载作用,在施加荷载的一侧钢箱梁截面上剪力滞后效应尤其明显,这是由于受到过于集中的应力而产生的结果。在未添加偏心荷载的一侧钢箱梁截面上,截面应力较小,导致这一侧均为负剪力滞后效应。在钢箱梁中跨的 3 个分析截面中,剪力滞后效应系数峰值分别为 3.43、3.5 和 3.59。而在支座附近的 3 个分析截面中,剪力滞后效应系数峰值分别为 3.34、3.13 和 2.81。在所有控制截面中,最大的剪力滞后效应系数竟然达到了 3.59,说明钢箱梁在偏心荷载作用下,施加偏心荷载的一侧截面剪力滞后效应特别明显,在实际工程中降低施加荷载一侧的剪力滞后效应系数显得尤为重要。

5.3　钢箱梁控制截面应力数值结果对比

通过对自锚式悬索桥钢箱梁各控制截面在不同荷载作用下的剪力滞后效应的研究,已经清楚剪力滞后效应系数最大值出现在控制截面顶板上的位置。本章将对在均布荷载和集中荷载作用下箱梁顶板的剪力滞后效应系数最大时对应的应力进行总结,并将该截面在空间板单元模型中的最大应力值与平面梁单元模型中该截面应力值进行比较。

由表 5-1 可知,均布荷载作用下空间板单元模型的最大数值大于相同位置的平面梁单元模型的数值。在中跨 $L/2$ 处,钢箱梁截面顶板的空间板单元最大应力值比平面梁单元的最大应力值大 13.19%;在中跨 $L/4$ 处,钢箱梁截面顶板的空间板单元最大应力值比平面梁单元的应力值大 13.49%;在中跨 $L/8$ 处,钢箱梁截面顶板的空间板单元最大应力值比平面梁单元的应力值大 15.31%;桥塔支座附近,钢箱梁截面顶板的空间板单元最大应力值比平面梁单元的应力值大 26.29%;中间支座附近,钢箱梁截面顶板的空间板单元最大应力值比平面梁单元的应力值大 21.21%;边支座附近,钢箱梁截面顶板的空间板单元最大应力值比平面梁单元的应力值大 18.12%。

表 5-1　均布荷载作用下的截面应力值　　　　单位:MPa

截面位置	中跨 $L/2$	中跨 $L/4$	中跨 $L/8$	桥塔支座附近	中间支座附近	边支座附近
空间有限元	63.59	−25.74	−31.55	−104.37	−9.03	9.58
平面有限元	56.18	−22.68	−27.36	−82.64	−7.45	8.11

分析发现支座位置附近钢箱梁截面顶板空间板单元最大应力数值和平面梁单元的应力数值相差较大,相差最大的位置为桥塔支座附近,这是由于受到支座反力的作用,在远离支座处的截面主梁顶板最大应力值与该截面的平面梁单元应力值比较接近。

由表 5-2 可知,在集中荷载作用下空间板单元模型的最大数值大于相同位置的平面梁单元模型的数值。中跨 $L/2$ 处,钢箱梁截面顶板的空间板单元最大应力值比平面梁单元最大应力值大 29.45%;中跨 $L/4$ 处,钢箱梁截面顶板的空间板单元最大应力值比平面梁单元最大应力值大 18.27%;中跨 $L/8$ 处,钢箱梁截面顶板空间板单元最大应力值比平面梁单元最大应力值大 14.97%;桥塔支座附近,钢箱梁截面顶板的空间板单元最大应力值比平面梁单元最大应力值大 23.39%;中间支座附近,钢箱梁截面顶板空间板单元最大应力值比平面梁单元最大应力值大 24.05%;边支座附近,钢箱梁截面顶板空间板单元最大应力值比平面梁单元最大应力值大 20.39%。

表 5-2　集中荷载作用下的截面应力值　　　　单位:MPa

截面位置	中跨 $L/2$	中跨 $L/4$	中跨 $L/8$	桥塔支座附近	中间支座附近	边支座附近
空间有限元	78.16	−29.19	−30.87	−96.41	−8.51	9.21
平面有限元	60.38	−24.68	−26.85	−78.13	−6.86	7.65

分析发现支座位置附近钢箱梁截面顶板的空间板单元最大应力值和平面

梁单元最大应力值相差较大,但是数值相差最大的位置位于中跨跨中,这是由于受到中跨跨中处集中荷载作用的影响,这个位置应力集中比较严重。同时,支座附近的应力数值相差也比较大,这是由于受到支座反力的作用。

5.4　钢箱梁成桥阶段纵向剪力滞后效应的研究

钢箱梁纵向剪力滞后效应的研究同样是讨论均布荷载、集中荷载和偏心荷载这 3 种荷载作用下的剪力滞后效应。为了使剪力滞后效应系数分布图简洁、清晰,纵向上选取了一些节点作为参考点,并且每个参考点之间的距离为 3 m。在钢箱梁横截面上选取一些关键点作为纵向所需分析的控制截面,钢箱梁横截面上关键点分布如图 5-12 所示。其中 A 点、C 点和 E 点为腹板与顶板交界处的点,B 点和 D 点位于箱梁每室的中间。在纵向位置所代表的点中,1 号点为边支座所对应的点,15 号点为中间支座处所对应的点,16 号点为边索锚固区附近,40 号点为桥塔支座处所对应的点,53 号点为中跨跨中所对应的点。由于结构对称,故选取一半结构进行剪力滞后效应分析。

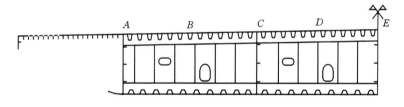

图 5-12　横截面关键点分布示意图

5.4.1　均布荷载作用下钢箱梁控制截面纵向剪力滞后效应分析

采用有限元软件 Midas/civil 分析之后,计算各点的剪力滞后效应系数,并将其绘制成折线图,得到均布荷载作用下钢箱梁各纵向控制截面顶板剪力滞后效应系数的分布图,如图 5-13 所示。其中,1 号点为边支座处,15 号点为中间支座处,16 号点为边索锚固区附近,40 号点为桥塔支座处,53 号点为中跨跨中。由于结构对称,故选取一半结构进行剪力滞后效应分析。

整理得出:A 点处剪力滞后效应系数在钢箱梁纵向变化区域为 $0.34\sim1.96$,B 点处剪力滞后效应系数在钢箱梁纵向变化区域为 $0.25\sim1.35$,C 点处剪力滞后效应系数在钢箱梁纵向变化区域为 $0.46\sim2.26$,D 点处剪力滞后效应

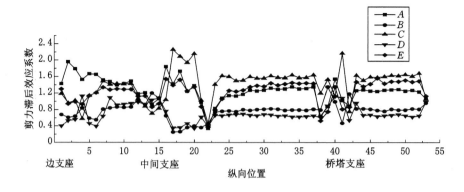

图 5-13　均布荷载作用下剪力滞后效应系数纵向分布曲线

系数在钢箱梁纵向变化区域为 0.34～1.13，E 点处剪力滞后效应系数在钢箱梁纵向变化区域为 0.37～1.56。

　　由图 5-13 可知，在均布荷载作用下，钢箱梁端部附近的腹板与顶板交界处（A 点、C 点和 E 点）的应力值大于梁初等理论值，而在钢箱梁箱室中间位置应力值却小于理论值，导致钢箱梁端部出现了正、负剪力滞后效应交错分布的现象。在钢箱梁的端部附近 A、C 和 E 这 3 点出现较为明显的正剪力滞后效应，其中 A 点处剪力滞后效应系数最大，其值为 1.43。随着逐渐远离梁端部，各点剪力滞后效应系数开始发生变化，在主桥边跨 $L/4$ 处（即纵向位置第 11 点）A、C 和 E 3 点剪力滞后效应系数出现了小幅度下降，而 B 和 D 两点则小幅度上升。在 7—10 点之间，各点剪力滞后效应系数趋于稳定。在 15—21 点之间，由于该区域不但位于支座附近而且也在边索锚固区，所以剪力滞后效应系数变化明显，在 A、C 和 E 3 点上出现了严重的正剪力滞后效应，其中 C 点处的正剪力滞后效应最为显著，其最大值为 2.26。在 23—38 点之间（即主桥边索锚固区与桥塔支座之间），剪力滞后效应系数趋于稳定，变化幅度不大。在 40 点剪力滞后效应系数则又一次发生突变，这是由于该点位于桥塔与主桥的连接处，在 40 点附近同样出现了较为明显的剪力滞后效应，其最大值发生在 C 点处，其值为 2.17。在 44 点处，剪力滞后效应系数同样有小幅度浮动。在 46—52 点之间，剪力滞后效应系数趋于稳定，变化幅度不大。53 点处（即中跨的跨中位置）剪力滞后效应系数约等于 1。

5.4.2　集中荷载作用下钢箱梁控制截面纵向剪力滞后效应分析

采用有限元软件 Midas/civil 分析之后,计算各个点的剪力滞后效应系数,并将其绘制成折线图,得到集中荷载作用下钢箱梁各纵向控制截面顶板剪力滞后效应系数的分布规律,如图 5-14 所示。其中,1 号点为边支座处,15 号点为中间支座处,16 号点为边索锚固区附近,40 号点为桥塔支座处,53 号点为中跨跨中。由于结构对称,故选取结构的一半进行剪力滞后效应分析。

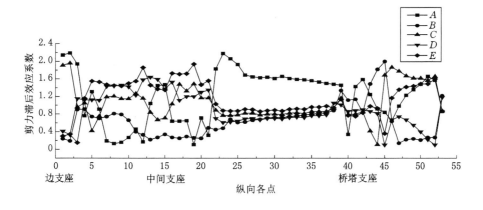

图 5-14　集中荷载作用下剪力滞后效应系数纵向分布曲线

整理得出:A 点处剪力滞后效应系数在钢箱梁纵向变化区域为 0.18～2.19,B 点处剪力滞后效应系数在钢箱梁纵向变化区域为 0.21～2,C 点处剪力滞后效应系数在钢箱梁纵向变化区域为 0.22～1.96,D 点处剪力滞后效应系数在钢箱梁纵向变化区域为 0.2～1.64,E 点处剪力滞后效应系数在钢箱梁纵向变化区域为 0.17～1.94。

由图 5-14 可知,在集中荷载作用下,在钢箱梁的端部附近 A、C 和 E 这 3 点出现较为明显的正剪力滞后效应,其中 A 点处剪力滞后效应系数最大,其值为 2.14。随着逐渐远离梁端部,各点剪力滞后效应系数开始发生变化,在第 4 点处各点剪力滞系数均约为 1。在 7—10 点之间,各点剪力滞后效应系数趋于稳定。在 15—21 点之间,由于该区域不但位于支座附近而且也在边索锚固区,所以该区域出现了严重的剪力滞后效应,E 点处的正剪力滞后效应最为严重,其最大值为 1.94。在 23—38 点之间(即主桥边索锚固区与桥塔支座之间),剪力滞后效应系数趋于稳定,变化幅度不大,A 点处的剪力滞后效应较为显著。在

40 点处剪力滞后效应系数则发生突变,这是由于该点位于桥塔与主桥的连接处。在 44 点处剪力滞后效应系数同样发生突变。在 46—52 点之间,由于受到中跨跨中集中荷载的影响,A 和 E 这两点在向中跨跨中靠近的过程中,其剪力滞后效应系数不断变大,剪力滞后效应逐渐明显,而 D 点的剪力滞后效应系数恰好相反。在 53 点处(即中跨的跨中位置)各点剪力滞后效应系数较为接近。

5.4.3　偏心荷载作用下钢箱梁控制截面纵向剪力滞后效应分析

采用有限元软件 Midas/civil 分析之后,计算各点的剪力滞后效应系数,并将其绘制成折线图,得到偏心荷载作用下钢箱梁各纵向分析截面顶板剪力滞后效应系数的分布规律,如图 5-15 所示。其中,1 号点为边支座处,15 号点为中间支座,16 号点为边索锚固区附近,40 号点为桥塔支座处,53 号点为中跨跨中。由于结构对称,故选取结构的一半进行剪力滞后效应分析。

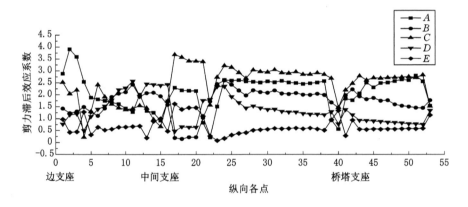

图 5-15　偏心荷载作用下剪力滞后效应系数纵向分布曲线

整理得出:A 点处剪力滞后效应系数在钢箱梁纵向变化区域为 0.21～3.91,B 点处剪力滞后效应系数在钢箱梁纵向变化区域为 0.24～2.6,C 点处剪力滞后效应系数在钢箱梁纵向变化区域为 0.22～3.69,D 点处剪力滞后效应系数在钢箱梁纵向变化区域为 0.47～2.57,E 点处剪力滞后效应系数在钢箱梁纵向变化区域为 0.18～1.62。

由图 5-15 可知,在偏心荷载作用下,钢箱梁端部附近 A、C 和 E 这 3 点出现较为明显的正剪力滞后效应,其中 A 点处剪力滞后效应系数最大,其值为 2.88。在 7—10 点之间,23—38 点之间和 46—52 点之间,各点剪力滞后效应系数趋于稳定,变化幅度不大。在 15—21 点之间(即边索锚固区附近)出现了显著的剪力滞后效应,其中 C 点处剪力滞后效应最为明显,其剪力滞后效应系数最大值为 2.26。在 40 点处出现了剪力滞后效应系数的较大幅度变化,此处为桥塔与主桥箱梁的连接处。在 44 点处,剪力滞后效应系数有一定幅度变化。在 53 点处(即中跨的跨中位置)各点剪力滞后效应系数均在 1.5 附近。

根据以上的分析可以得出,桥梁支座处为剪力滞后效应在钢箱梁纵向分布比较明显的位置,同时边索锚固区附近也同桥梁支座附近一样,剪力滞后效应比较明显。桥梁每跨 1/4 位置(即纵向位置第 11 点处和纵向位置 44 点处)附近出现了一定程度的剪力滞后效应系数变化,某些位置甚至出现了较为严重的剪力滞后效应。出现这种现象的原因是该位置恰好在应力正、负值交界处附近,也就是正、负弯矩交界处附近。支座处受到支座反力的影响,因而造成剪力突变导致剪力过大,因为箱形梁通过腹板的剪切变形在箱梁顶板上传递弯曲正应力,腹板在向顶板传递剪力流的过程中,在与顶板的交界处达到峰值,所以使得弯曲法向正应力过大。在锚固区内,索力沿横桥向应力的传递使该处剪力滞后效应显著。其余位置的剪力滞后效应系数均比较平稳,无太大幅度变化。

5.5 自锚式悬索桥钢箱梁施工阶段纵向剪力滞后效应分析

自锚式悬索桥施工过程是一个动态过程,不同施工阶段主梁截面拥有不同的受力形式。本节对不同施工阶段主梁剪力滞后效应沿纵桥向的分布规律进行研究,为今后对类似桥型的剪力滞后效应研究提供一定的参考。

本桥主线全长 1 460 m,主桥跨径布置为 40 m+90 m+220 m+90 m+40 m=480 m。桥梁中跨为 220 m,主缆垂跨比为 1/5.5,主缆在横桥向的间距为 36 m,桥面纵坡为双向 1%。桥塔采用钢桁架塔柱与混凝土塔座的组合形式,每个桥塔混凝土塔座高度均为 12 m,桥塔截面为空心箱形截面。吊索采用销接式,吊索上端通过叉形耳板与索夹连接,下端通过锚头球形螺母、球形垫板与主梁上的锚垫板连接。

根据实际工程条件,本桥施工时采用"先缆后梁法"。本桥施工要点包括以下几点:

(1)主塔属于高耸结构施工,主塔施工的倾斜度控制和标高控制要求较高。

（2）顶推过程中桥梁线形控制和高程控制都直接关系到主桥施工的质量。

（3）主桥主索鞍在塔顶的定位测量和自锚跨内索导管的定位测量精度要求较高。

（4）主桥主缆架设空缆状态和受力状态的监控测量，属于空间三维定位测量，直接关系到整个桥梁的受力体系是否合理。

（5）叠合梁钢梁整体顶推施工的导梁设计、临时墩设计、千斤顶的选择等为施工过程的控制重点。

（6）要在恒温状态下进行主缆的架设和调整，恶劣天气条件下停止索股架设。

（7）自锚式悬索桥体系转换过程中，吊索的张拉会对主塔产生水平推力，所以在吊索张拉过程中必须监测主塔水平力。

5.5.1 自锚式悬索桥施工阶段划分

本桥主梁采用单侧顶推施工法，顶推平台设置在岸上。单梁制作分为单元件制作、钢梁场内组装预拼和钢梁工地安装三个阶段。根据安装顺序要求，钢梁采用连续匹配预拼。顶推过程中需要在中跨设置 3 个临时墩，临时墩纵向位置如图 5-16 所示。

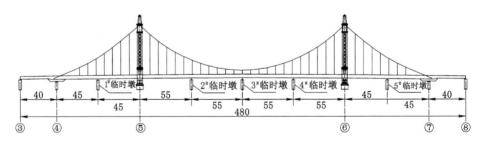

图 5-16 临时墩纵向位置图（单位：m）

钢塔柱、钢架横梁由汽车运输至现场，根据施工需要在 4 个主塔墩外侧设置 4 台塔吊，用于主塔节段以及塔顶横向的吊装。主缆猫道拟采用分离式结构，一端锚于梁面上，另一端锚于塔顶，塔顶两侧设调节装置，便于施工垂度调整。主缆施工采用预制平行钢丝索股逐根架设的施工方法。近塔处吊索采用塔吊安装，跨中区域采用钢梁顶汽车安装，塔吊和汽车无法吊装的采用挂在牵引承重索上的电动葫芦进行起吊安装。吊索的安装顺序与吊杆张拉顺序一致。

吊索安装完成后将下锚头穿入主梁对应钢锚箱。

自锚式悬索桥施工过程复杂,本桥施工过程中采取"先缆后梁法",其主要施工步骤如下:

(1) 完成下部结构,布置临时墩,在一侧搭建顶推平台。

(2) 导梁和辅助桁架安装完成后进行钢梁顶推,并合龙主梁。

(3) 架设主缆,安装吊索,对吊索初张拉,形成自锚式悬索桥体系。

(4) 按照次序安装桥面板,浇筑湿接缝。

(5) 拆除临时墩,对附属结构进行安装,并对索力值进行调整,使其达到设计值。

在自锚式悬索桥的整个施工过程中,"体系转换"这一步骤是重中之重。本桥中,以合龙后的多跨连续加劲梁为其初始状态,通过张拉吊索,完成"体系转换"。在整个"体系转换"过程中,加劲梁的自重由临时支撑承担并通过吊索转换由主缆承担,主缆由空缆线形变化到成桥线形,因此,桥梁结构本身的内力也会随之改变,其主梁剪力滞后效应系数也会随之改变。为更加清晰地研究这一变化趋势,选择分析"体系转换"前、后不同桥梁体系的纵向剪力滞后效应:

(1) 工况 1:主梁合龙阶段主梁沿纵桥向的剪力滞后效应变化规律。

(2) 工况 2:吊索初张拉阶段主梁沿纵桥向的剪力滞后效应变化规律。

综上所述,采用有限元软件 Midas/civil 模拟自锚式悬索桥施工阶段,模型共被划分为 75 215 个单元,66 542 个节点。关键点位置的选取同上节。

5.5.2　主梁合龙阶段主梁沿纵桥向的剪力滞后效应变化规律

采用有限元软件 Midas/civil 分析之后,计算各个点的剪力滞后效应系数,并将其绘制成折线图,得到主梁合龙阶段(即主梁为多跨连续梁时)钢箱梁各纵向分析截面顶板剪力滞后效应系数的分布规律,如图 5-17 所示。

整理得出:A 点处剪力滞后效应系数在钢箱梁纵向变化区域为 $1.11\sim 1.41$,B 点处剪力滞后效应系数在钢箱梁纵向变化区域为 $0.61\sim 0.87$,C 点处剪力滞后效应系数在钢箱梁纵向变化区域为 $1.04\sim 1.27$,D 点处剪力滞后效应系数在钢箱梁纵向变化区域为 $0.57\sim 0.84$,E 点处剪力滞后效应系数在钢箱梁纵向变化区域为 $1.04\sim 1.32$。

由图 5-17 可知,主梁合龙阶段的腹板与顶板交界处(A 点、C 点和 E 点)的

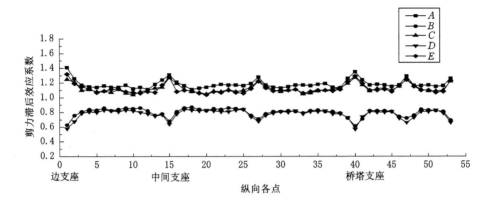

图 5-17　主梁合龙阶段钢箱梁剪力滞后效应系数纵向分布曲线

应力值大于梁初等理论值,出现正剪力滞后效应,而钢箱梁的箱室中间位置(B 点和 D 点)应力值却小于理论值,出现负剪力滞后效应。其中,剪力滞后效应系数最明显的位置为钢箱梁端部附近,此处 A 点处剪力滞后效应系数最大,其值为 1.41。桥梁支座位置附近的剪力滞后效应明显,同时,临时墩附近也出现了较为明显的剪力滞后效应,这是因为此阶段主梁的自重由桥梁支座和临时支撑共同承担。其中,0 点、15 点和 40 点处在桥梁支座位置,27 点、47 点和 53 点处在临时支撑位置。在纵桥向 5—13 点、17—25 点、30—38 点、42—46 点和 49—52 点间,剪力滞后效应系数比较平稳,波动幅度较小,但剪力滞后效应依然存在。

5.5.3　吊索初张拉阶段主梁沿纵桥向的剪力滞后效应变化规律

在钢梁顶推完成后,对主缆和吊索进行安装,并张拉吊索,使其形成具有一定刚度的自锚式悬索桥结构体系,进而完成"体系转换"。此时,临时墩的作用被主缆极大程度上代替。竖向荷载由吊索传递至主缆上,主缆承受拉力。

采用有限元软件 Midas/civil 分析之后,计算各个点的剪力滞后效应系数值,并将其绘制成折线图,得到吊索初张拉阶段(即形成自锚式悬索桥结构体系阶段)钢箱梁各纵向分析截面顶板剪力滞后效应系数的分布规律,如图 5-18 所示。

整理得出:A 点处剪力滞后效应系数在钢箱梁纵向变化区域为 0.68~1.69,B 点处剪力滞后效应系数在钢箱梁纵向变化区域为 0.37~1.32,C 点处

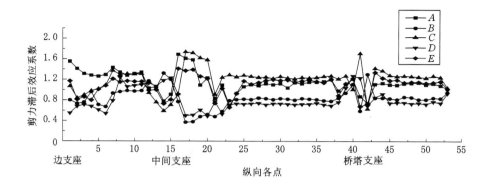

图 5-18 吊索初张拉阶段钢箱梁剪力滞后效应系数纵向分布曲线

剪力滞后效应系数在钢箱梁纵向变化区域为 0.59～1.74，D 点处剪力滞后效应系数在钢箱梁纵向变化区域为 0.49～1.27，E 点处剪力滞后效应系数在钢箱梁纵向变化区域为 0.66～1.41。

由图 5-18 可知，在吊索初张拉阶段，在钢箱梁端部附近 A、C 和 E 这 3 点出现较为明显的正剪力滞后效应，其中 A 点处剪力滞系数最大，其值为 1.55。在 7—10 点之间各点剪力滞后效应系数趋于稳定。在 15—21 点之间，由于该区域位置特殊，不但位于支座附近而且也在边索锚固区，所以剪力滞后效应系数变化明显，在 A、C 和 E 3 点处正剪力滞后效应显著，其中 C 点处正剪力滞后效应最为严重，其最大值为 1.74。在 40 点处，由于该点位于桥塔与主桥的连接处，所以剪力滞后效应系数发生突变，在 40 点附近同样出现了较为明显的剪力滞后效应，其最大值发生在 C 点处，其值为 1.71。在 23—38 点之间和 46—52 点之间，剪力滞后效应系数较为平稳，其值变化幅度不大。

对比"体系转换"前、后的主梁钢箱梁剪力滞后效应系数发现两者差异巨大，这是由于不同桥梁体系的传力机理不同。当主梁合龙结束时，桥梁体系为多跨连续体系，无索力等因素干扰，当架设主缆和张拉吊索后，桥梁体系由多跨连续体系转变为自锚式悬索桥体系，虽然整个施工工程并未完成，但是整个体系已经成型。此时桥梁的传力方式为自锚式悬索桥的传力模式，竖向荷载由吊索传递到主缆上，主缆承受拉力，再经过塔顶的索鞍以及锚固等设备传到索塔以及主梁上。拉力的承载主体为主缆，水平力的承载主体为主梁。

5.6 本章小结

本章通过使用有限元软件 Midas/civil 建立两种不同单元体系的自锚式悬索桥。深入研究了空间板单元模型在不同荷载作用下不同控制截面位置的剪力滞后效应。对自锚式悬索桥的钢箱梁控制截面在成桥阶段不同荷载作用下的纵向剪力滞后效应进行研究,然后对其施工阶段"体系转换"前、后的两种不同施工状态进行剪力滞后效应分析,得到如下结论:

(1)当空间板单元在均布荷载作用下时,在钢箱梁宽度方向的剪力滞后效应系数分布不均匀,正、负剪力滞后效应系数的交替较为频繁。主桥中跨剪力滞后效应最严重的地方为钢箱梁 $L/4$ 截面,此处最大剪力滞后效应系数为 2.05,此处为腹板与顶板交界处。而在支座附近的控制截面中,最大剪力滞后效应系数则是出现在边支座附近,此处的剪力滞后效应系数为 2.37。在对均布荷载作用下的主桥进行分析时发现,钢箱梁截面腹板与顶板交界处是剪力滞后效应明显的部位,吊索与顶板的交界处也出现了相对明显的剪力滞后效应。

(2)当空间板单元在集中荷载作用下时,在 5 号、9 号、13 号、17 号和 21 号处都出现了较严重的正剪力滞后效应,这些位置正是腹板与顶板交界处,而在箱梁每一室的中间位置出现负剪力滞后效应,所以具有正、负剪力滞后效应交替频繁的特点。在支座附近的剪力滞后效应中,中腹板与顶板的交界处剪力滞后效应相对不明显,并且较为平稳。

(3)钢箱梁在受到偏心荷载作用时,钢箱梁截面横向受力差异较大,导致箱梁宽度方向 13 号点(中腹板与顶板交界处)之后剪力滞后效应急剧下降,之后趋于缓和。并且在施加荷载的一侧钢箱梁截面上剪力滞后效应尤其明显,这是受到过于集中的应力作用的结果。剪力滞后效应严重的位置为施加荷载一侧的腹板与顶板交界处和吊索与顶板交界处。

(4)由于钢材的弹性模量比混凝土弹性模量大得多,导致钢箱梁腹板的线刚度比混凝土的大,在腹板与顶板交界处承受较大应力,而箱梁每室的中间位置承受的应力较小,导致该截面的正、负剪力滞后效应系数差值较大。在各个截面的最不利荷载位置添加荷载后,其剪力滞后效应更为严重。相比全桥范围,其剪力滞后效应系数最大值有一定程度增大,说明钢箱梁截面在其最不利荷载位置添加荷载后更容易损坏。

（5）在对均布荷载和集中荷载作用下空间板单元截面顶板上的最大应力值与对应平面梁单元应力值作比较后发现：空间板单元截面顶板的最大应力值大于对应平面梁单元的应力值。在均布荷载作用下时，在支座附近截面，由于受到支座反力影响，这一规律表现得较为突出。在集中荷载作用下时，除了支座附近截面，中跨跨中截面由于受到集中荷载影响这一规律也非常明显。

（6）对比"体系转换"前、后的主梁钢箱梁剪力滞后效应系数发现两者差异巨大，这是因为两者受力机理不同。在主梁合龙阶段，剪力滞后效应系数最大值为1.41，发生在 A 点；在吊索初张拉阶段，剪力滞后效应系数最大值为1.74，发生在 C 点。

6　主 要 结 论

本书首先对能量变分法与比拟杆法进行理论研究,推导出了简支梁和悬臂梁在两种荷载作用下的应力计算公式,并与有限元计算结果进行对比。以实际工程中钢梁桥、自锚式悬索桥钢箱梁为研究对象,系统分析了钢箱梁剪力滞后效应。

针对弯荷载作用下钢桥梁,本书分析了钢箱梁施工阶段和成桥阶段剪力滞后效应的分布情况,得出剪力滞后效应系数沿箱梁纵向的分布规律,主要结论如下:

(1)对钢箱梁施工阶段纵向剪力滞后效应进行分析时发现,在施工单梁块时,外腹板与顶板的交界点沿箱梁纵向的负剪力滞后效应最严重。当钢箱梁整体拼接之后,纵向剪力滞后效应相对于单梁块施工来说已经降低,剪力滞后效应在箱梁端部较突出,而钢箱梁的中间位置处剪力滞后效应系数变化幅度不大。

(2)二期施工阶段时,剪力滞后效应系数沿纵桥向分布规律是不一致的,剪力滞后效应反应剧烈的位置是端部、1/4跨和中间支座处,这三处的剪力滞后效应系数均过大。

(3)成桥阶段时,在3种不同荷载的作用下,剪力滞后效应沿箱梁纵向分布并不一致,纵向分布上出现正、负剪力滞后效应交错分布的现象。沿箱梁纵向剪力滞后效应表现突出的位置为箱梁的端部、1/4跨和中间支座处。

针对压、弯荷载作用下自锚式悬索桥钢箱梁,本书分析了钢箱梁截面在3种不同荷载作用下的横向剪力滞后效应和本桥钢箱梁成桥阶段纵桥向剪力滞后效应的分布规律,并研究了其施工阶段"体系转换"前、后两种不同施工状态时的剪力滞后效应,主要结论如下:

(1)在3种不同荷载作用下,钢箱梁宽度方向的剪力滞后效应系数分布不均匀,正、负剪力滞后效应系数交替较为频繁。剪力滞后效应比较严重的位置为腹板与顶板的交界处,同时受到索力的影响,吊索与顶板交界处剪力滞后效应比较严重。偏心荷载作用下的剪力滞后效应系数比其他两种荷载作用下的剪力滞后效应系数大得多,说明钢箱梁在偏心荷载作用下,施加偏心荷载一侧截面剪力滞后效应明显。

(2)自锚式悬索桥钢箱梁的纵向剪力滞后效应有以下特点:在3种不同荷载作用下,剪力滞后效应系数发生突变的位置为钢箱梁的边支座处、桥梁每跨1/4处附近、中间支座处、边索锚固区附近、桥塔支座处和中跨跨中。其余位置在均布荷载和偏心荷载作用下时,剪力滞后效应系数较为平稳。其中剪力滞后效应最严重的位置为边支座处和边索锚固区附近,3种不同荷载作用下的最大剪力滞后效应系数也均发生在这两个位置。支座附近剪力滞后效应系数发生突变的原因是受支座反力的影响,边跨1/4处出现剪力滞后效应系数突变的原因是此处为应力正、负值交界处附近,也就是正、负弯矩交界处附近。在边索锚固区附近,索力沿着横桥向应力的传递使该处剪力滞后效应严重。

(3)对比"体系转换"前、后的主梁钢箱梁剪力滞后效应系数发现两者差异巨大,这是因为不同桥梁体系的传力机理不同,自锚式悬索桥的传力方式要复杂得多,这也正反映了自锚式悬索桥施工的重点在于"体系转换"。

参 考 文 献

［1］陈帅.邵阳市桂花大桥钢箱梁顶推及缆索架设施工控制技术研究［D］.长沙:中南林业科技大学,2017.

［2］张文俊.自锚式悬索桥关键技术分析与研究［D］.合肥:合肥工业大学,2018.

［3］任张晨.基于数字图像检测技术的自锚式悬索桥模态分析及模型试验［D］.广州:广州大学,2018.

［4］霍相五.高墩波形钢腹板 PC 箱梁桥施工期峡谷地形风致响应研究［D］.邯郸:河北工程大学,2019.

［5］张菁.变截面波形钢腹板组合箱梁桥极限破坏模式及腹板屈曲行为研究［D］.北京:北京交通大学,2019.

［6］徐江江.钢箱梁纵横肋处疲劳裂纹精细化数值分析及加固方法研究［D］.哈尔滨:哈尔滨工业大学,2019.

［7］柳逊.悬臂施工法波形钢腹板 PC 组合箱梁受力性能研究［D］.石家庄:石家庄铁道大学,2019.

［8］邓敬良.大跨度钢箱梁悬索桥温度所致力学响应的数值分析［D］.广州:华南理工大学,2019.

［9］张慧.大宽跨比正交异性板鱼腹式多室薄壁箱梁结构受力性能和试验研究［D］.兰州:兰州交通大学,2012.

［10］李永.双箱单室曲线钢箱梁桥的受力机理分析［D］.重庆:重庆交通大学,2018.

［11］马林平.单箱三室箱梁的剪力滞效应及有效翼缘分布宽度研究［D］.兰州:兰州交通大学,2017.

［12］乔朋.斜拉桥扁平钢箱主梁剪力滞效应研究［D］.西安:长安大学,2009.

［13］V KÁRMÁN TH. Die mittragende Breite［M］//Beiträge zur technischen mechanik und technischen physik. Berlin: Springer Berlin Heidelberg, 1924:114-127.

[14] REISSNER E. Analysis of shear lag in box beams by the principle of minimum potential energy[J]. Quarterly ofapplied mathematics, 1946, 4(3): 268-278.

[15] 袁霖宇. 成都市二环路高架桥特殊钢箱梁设计研究[D]. 成都:西南交通大学, 2014.

[16] 郭金琼. 箱形梁设计理论[M]. 北京:人民交通出版社, 1991.

[17] MOFFATT K R, DOWLING P J. Shear lag in steel box girder bridges [J]. Structural engineer, 1975, 53(10):439-448.

[18] VAN D K, NARASIMHAM S. Shear lag in shallow wide-flanged box girders [J]. Journal of structural division, ASCE, 1978, 102 (10): 1969-1979.

[19] TAHERIAN A, MOFFATT K, EVANS H, et al. The bar simulation method for the calculation of shear lag in multi-cell and continous box girders[J]. Proceedings of the institution of civil engineers, 1977, 65(3): 701-705.

[20] SALIM H A. Shear lag of open and closed thin-walled laminated composite beams[J]. Journal of reinforced plastics and composites, 2005, 24 (7):673-690.

[21] 郑娟. 单索面悬索桥钢箱加劲梁受力分析[D]. 重庆:重庆交通大学, 2018.

[22] 胡文六. 薄壁箱形梁剪力滞效应分析及试验研究[D]. 哈尔滨:哈尔滨工业大学, 2019.

[23] KUZMANOVIC B O, GRAHAM H J. Shear lag in box girders[J]. Journal of the structural division, ASCE, 1981, 107(9):1701-1712.

[24] RAZAQPUR A G, LI H G. Thin-walled multicell box-girder finite element[J]. Journal of structural engineering, 1991, 117(10):2953-2971.

[25] ALGHAMDI S A, Ali R M. Characterization of key static and dynamic desgin issues of twincell-steel box girders[R]. Saudi Arabia:KACST-Riyadh, 1999.

[26] LEE C K, WU G J. Shear lag analysis by the adaptive finite element

method:2. analysis of complex plated structures[J]. Thin-walled structures,2000,38(4):311-336.

[27] DEZI L,GARA F,LEONI G,et al. Time-dependent analysis of shear-lag effect in composite beams[J]. Journal of engineering mechanics,2001,127 (1):71-79.

[28] LERTSIMA C,CHAISOMPHOB T,YAMAGUCHI E. Stress concentration due to shear lag in simply supported box girders[J]. Engineering structures,2004,26(8):1093-1101.

[29] SA-NGUANMANASAK J, CHAISOMPHOB T, YAMAGUCHI E. Stress concentration due to shear lag in continuous box girders[J]. Engineering structures,2007,29(7):1414-1421.

[30] LERTSIMA C,CHAISOMPHOB T,YAMAGUCHI E,et al. Deflection of simply supported box girder including effect of shear lag[J]. Computers & structures,2005,84(1-2):11-18.

[31] EVANS H R,KRISTEK V. A hand calculation of the shear lag effect in stiffened flange plates[J]. Journal of constructional steel research,1984,4 (2):117-134.

[32] SONG Q G,SCORDELIS A C. Shear-lag analysis of T-,I-,and box beams [J]. Journal of structural engineering,1990,116(5):1290-1305.

[33] SONG Q G,SCORDELIS A C. Formulas for shear-lag effect of T-,I- and box beams[J]. Journal of structural engineering,1990,116(5):1306-1318.

[34] KŘÍSTEK V,BAŽANT Z P. Shear lag effect and uncertainty in concrete box girder creep[J]. Journal of structural engineering, 1987, 113 (3): 557-574.

[35] TESAR A. Shear lag in the behaviour of thinwalled box bridges[J]. Computers & structures,1996,59(4):607-612.

[36] CHIEWANICHAKORN M,AREF A J,CHEN S S,et al. Effective flange width definition for steel-concrete composite bridge girder[J]. Journal of structural engineering,2004,130(12):2016-2031.

[37] CHEN S S,AREF A J,CHIEWANICHAKORN M,et al. Proposed effective width criteria for composite bridge girders[J]. Journal of bridge engi-

neering,2007,12(3):325-338.

[38] FOUTCH D A,CHANG P C. A shear lag anomaly[J]. Journal of the structural division,1982,108(7):1653-1658.

[39] CHANG S T,ZHENG F Z. Negative shear lag in cantilever box girder with constant depth[J]. Journal of structural engineering,1987,113(1): 20-35.

[40] LEE S C,YOO C H,YOON D Y. Analysis of shear lag anomaly in box girders[J]. Journal of structural engineering,2002,128(11):1379-1386.

[41] 李伟松. 钢筋混凝土异形柱框架-剪力墙结构基础隔震性能研究[D]. 西安: 西安建筑科技大学,2012.

[42] 郭金琼,房贞政,罗孝登. 箱形梁桥剪滞效应分析[J]. 土木工程学报,1983, 16(1):1-13.

[43] 张士铎,王文州. 桥梁工程结构中的负剪力滞效应[M]. 北京:人民交通出 版社,2004.

[44] 程翔云,罗旗帜. 箱梁在压弯荷载共同作用下的剪力滞[J]. 土木工程学报, 1991,24(1):52-64.

[45] LUO Q Z,TANG J,LI Q S. Negative shear lag effect in box girderswith varying depth[J]. Journal ofstructural engineering, 2001, 127 (10): 1236-1239.

[46] 韦成龙,曾庆元,刘小燕. 薄壁曲线箱梁桥剪滞效应分析的一维有限单元法 [J]. 中国公路学报,2000,13(1):65-69,72.

[47] 吴亚平,赖远明,朱元林,等. 考虑剪滞效应的薄壁曲梁有限单元法[J]. 工 程力学,2002,19(4):85-89.

[48] 程翔云. 悬臂薄壁箱梁的负剪力滞[J]. 上海力学,1987(2):52-61.

[49] 唐怀平,唐达培. 大跨径连续刚构箱梁剪力滞效应分析[J]. 西南交通大学 学报,2001,36(6):561-563.

[50] 曹国辉,方志. 薄壁箱梁剪滞效应研究方法[J]. 湖南城市学院学报,2003, 24(3):8-9.

[51] 刘永健,周绪红,颜东煌,等. 单边索斜塔钢-混凝土结合梁斜拉桥塔梁根部 应力分析[J]. 中国公路学报,2003,16(2):65-69.

[52] 汪劲丰,项贻强. 独塔单索面斜拉桥空间应力状态分析[J]. 铁道标准设计,

2005(3):35-38.

[53] 郑浩成.钢筋混凝土箱型截面柱在低周反复荷载作用下的剪力滞效应试验研究[D].苏州:苏州科技大学,2019.

[54] 雒敏.单箱多室箱梁剪力滞效应的理论与试验研究[D].兰州:兰州交通大学,2014.

[55] 杨龙.基于附加挠度的箱形梁剪力滞效应分析[D].兰州:兰州交通大学,2016.

[56] 牟兆祥.基于能量变分原理的薄壁箱梁剪力滞效应解析法研究[D].长沙:中南大学,2014.

[57] 薄壁箱梁的剪力滞翘曲位移函数研究[D].兰州:兰州交通大学,2014.

[58] 张伟.行车荷载作用下混凝土曲线箱梁剪力滞效应研究[D].武汉:武汉工程大学,2014.

[59] 徐果.简支混凝土箱梁剪力滞效应试验研究[D].福建:华侨大学,2016.

[60] 李艳凤.单索面PC斜拉桥主梁剪力滞效应分析研究[D].沈阳:东北大学,2014.

[61] 肖雄.大跨度波形钢腹板组合箱梁矮塔斜拉桥受力性能分析[D].成都:西南交通大学,2017.

[62] 侯照保.单箱单室宽箱梁空间力学行为分析[D].重庆:重庆交通大学,2016.

[63] 李小龙.考虑剪力滞后时薄壁曲线梁弯扭耦合半离散半精细积分法分析[D].邯郸:河北工程大学,2018.

[64] 许逸雪.装配式组合连续梁桥的钢箱梁设计原理研究[D].重庆:重庆交通大学,2018.

[65] 张旭.高温下蜂窝组合梁力学性能研究[D].沈阳:沈阳建筑大学,2019.

[66] 吴明涵.高温下钢框架的塑性力学特征分析[D].合肥:安徽建筑大学,2019.

[67] 宋随弟.大跨度波形钢腹板连续刚构桥受力特点及剪力键试验研究[D].成都:西南交通大学,2015.

[68] 邓文琴.单箱多室波形钢腹板组合箱梁桥剪切与扭转性能研究[D].武汉:华中科技大学,2018.

[69] 胡幸,杨建萍,周向明,等.直线连续钢箱梁受力性能研究[J].中外建筑,

2014(5):130-133.

[70] 刘扬.薄壁箱梁剪力滞效应的研究[D].重庆:重庆交通大学,2013.

[71] 张斌.大跨径宽幅 PC 独塔斜拉桥剪力滞研究[D].西安:长安大学,2018.

[72] 周延.大跨径波形钢腹板箱梁桥剪力滞效应研究[D].长沙:湖南大学,2016.

[73] 向宇.比拟杆法分析波形钢腹板箱梁桥剪力滞效应[D].长沙:湖南大学,2011.

[74] 陈清波.宽箱梁桥剪力滞效应的实用计算[D].广州:华南理工大学,2014.